学无新旧也，无中西也，无有用无用也。

凡立此名者，均不学之徒，即学焉，而未尝知学者也。

王国维《国学丛刊》序

中国书籍设计网
bookdesign.artron.net

主办 | 中国出版协会装帧艺术工作委员会

编辑出版 | 《书籍设计》编辑部

主编 | 胡守文

副主编 | 吕敬人

副主编 | 万　捷

编辑部主任 | 符晓笛

执行编辑 | 刘晓翔

责任编辑 | 马惠敏

设计 | 刘晓翔＋张志奇＋张申申

监制 | 胡　俊

印装 | 北京雅昌彩色印刷有限公司

出版发行 | 中国青年出版社

社址 | 北京东四12条21号　邮编 | 100708

网址 | www.cyp.com.cn

编辑部地址 | 北京市海淀区中关村南大街17号

韦伯时代中心C座603室　邮编 | 100081

电话 | 010-88578153　88578156　88578194

传真 | 010-88578153

网址 | bookdesign.artron.net

E-mail | xsw_88@126.com

书籍设计 Book DESIGN

图书在版编目（CIP）数据

书籍设计 . 6/ 中国出版协会装帧艺术工作委员会编 .
—北京：中国青年出版社，2012.6
ISBN 978-7-5153-0881-4

Ⅰ . ① 书… Ⅱ . ① 中… Ⅲ . ① 书籍装帧－设计 Ⅳ .
① TS881

中国版本图书馆 CIP 数据核字（2012）第 134168 号

定价：48.00 元

书籍设计

Book
DESIGN

中国出版协会装帧艺术工作委员会 编　　　　　中国青年出版社

艺理论说

006-095

国际交流 **114-131**

艺理论说

建构纸空间

赵　清

国际平面设计师协会（AGI）会员

中国出版工作者协会书籍艺术研究会会员

深圳平面设计师协会（GDC）会员

江苏平面设计师协会理事会员

南京文化创意产业协会理事会员

1988 年毕业于南京艺术学院设计系

凤凰科技出版社有限公司美术编辑

1996 年创办"梵"设计工作室

2000 年创办"瀚清堂设计有限公司"并任设计总监

2007 年受邀举办壁上观"07/70"个人海报展

2010 年组织 ADC 对话南京设计展

担任南京艺术学院设计学院硕士生导师，并在各地进行设计教育推广

十几年来坚持致力于平面设计各个领域的实践与研究推广

担任白金创意大赛、靳埭强设计奖评委

个人设计作品入选世界范围内几乎所有重要的平面设计竞赛和展览

并获得了德国 Red Dot、美国 One Show Design、

英国 D&AD、俄罗斯 Golden Bee、日本 TDC、

中国深圳 GDC 等众多国际设计奖项

赵清及他的瀚清堂设计团队，其书籍设计作品曾 11 次斩获"中国最美的书"这一荣誉，并问鼎多项世界图书设计奖，其中半数以上为科技书籍的设计。如此之多的获奖，正反映出赵清在科技书籍领域的设计功底与实力。应《书籍设计》杂志之邀约，赵清就他在科技书籍方面的设计心得进行一番梳理，提出"建构纸空间"这一设计想法与读者分享。

I　建构科技书籍

建筑：第一个梦想

我小时候的职业梦想，是成为一名建筑设计师。也因此，自小，我即对建筑设计师有着一种崇高的敬意。然而，由于种种原因，使我这一梦想，变得那样遥不可及。虽之以为用。它讲的是实在的部分，是存在的，而真正发挥作用的是不存在的部分，这既说明了建筑的目的，同时也象征性地表述出这样的道理：我们需要通过"空"的部分填充出有益于自身的物件、体验、感受，等等。

空间其实是一个极为复杂的抽象观念——因为你根本看不见空间，只能通过边界、边缘去感受它的存在与作用。好的建筑，不仅能够在空间上实现物质功能，更应在空间的范畴内去实现精神上的享受与超越的功用。所见，并非所

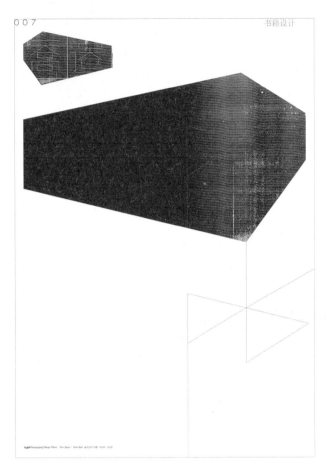

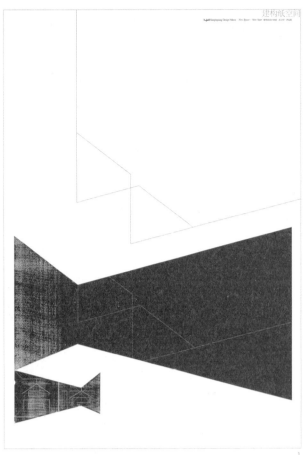

赵清海报设计作品

1《乔迁》海报

得；所不见，超越所得。

放诸书籍设计，书本身的内容与形式总是受到自身内容总和的知识量限制，而超越这一内容总量的，应是其建筑空间的构建，好的书籍设计，必然能够形成令观者超越想象的"纸空间"，这也是我判定一本书籍设计水准的重要参考因素之一。约翰·波特曼认为，建筑的本质是空间，而空间的本质是服务于人，我认为，服务于人，不仅是从物质上，更是从精神上：因物质空间，而衍生想象空间。

构造：技术与艺术

一本书籍的成型过程，在我看来，取决于对文本内容的构造规划。从搭建架构，到基本版面，从板块设定，到细节处理，从节奏起伏，到材料选择，这完全类同于建筑的成型过程。当然，建筑是大的空间体块，而书籍则是相对较小的空间体块，不过，通过精心的构造，完全能够以小见大，而绝非管中窥豹。西方哲人说，建筑是凝固的音乐，我认为，书籍是流动的建筑。

构造建筑时，划分与组合空间以及建筑外观，需要合理的方案，并且具备足够的可行性，技术与艺术并用，才能构造出好的空间，可以说没有好的构造，就没有好的建筑。构造关联到最终的建筑呈现，而又与材料的选用密切相关。当然，对于书籍设计来说，它要比建筑设计来得省事，它更是一种纯粹的空间构建，因为它无须考虑承重，更无须风洞、撞击以及振动等科学测试。

书籍设计角度的构造，更类似于图纸上的规划，它可以通过我们的预设去理性地罗列，并在脑海中形成它最终可以

世界地下交通

王玉北 陈志龙 主编

THE UNDERGROUND TRANSPORTATION OF THE WORLD

2

赵清书籍设计作品

2.3《世界地下交通》

呈现的空间效果与视觉特征。有了合理又夸张、理性又感性、技术又艺术的构造，我们就有了"施工图纸"，从而建构出自己想要的、呈现给他人的全新空间。

书籍空间的形态与色彩，贯穿于构造活动，建筑领域的"形态学"，属于基础的设计。而对于书籍设计师来说，要实现完全意义上的书籍设计高度，必须要掌控书籍最终的空间形态与色彩，这常常来自于较多的实践活动的归纳与终结。你不仅需要理性的思考，更需要感性的心灵，尤其是在对纸张——书籍的主体"建材"的认知与选择上。

感：自顽石跳脱

纸是具有"表情"的空间肌理，很早之前，书籍设计师们便对纸的表情进行了归纳，他们提到了纸张所具备的触觉、

视觉、嗅觉、听觉，等等。纸张，或粗糙，或细腻，一触即知。纸张，无论印有字否，皆多为眼睛所直视，或美或雅，或轻或重。纸张，书香之源，文化的气息，多是纸张的味道。纸张，翻书有音，折页有音，敲打有音，搁放有音。对于纸张，确实无法做到"四大皆空"——你逃不过它本身的触觉、视觉、嗅觉以及听觉而去感受它的存在。纸感，正是它的存在表象，而深入领会它的构造与内涵，则又切入了它的肌理与底蕴之中。当然，在纸张未筑成"纸空间"——设计过的书籍之前，它如砖瓦，亦如水泥和玻璃，而书籍设计的理念，则如同混凝土中的钢筋，有了它，才能构建纸空间。

当然，纸张也是"顽石"，如柯布西耶所言——建筑设计师的激情可以从顽石中创造出奇迹，作为书籍设计师，我通过对纸的运用与重塑，在书籍设计中创造奇迹、创造空间。

用纸张来表达材质的美感，有的像玻璃，有的像砖瓦，因而能够创造出等同于建筑的视觉奇迹。

空间：和谐与酷趣

书籍设计，尤其是科技书籍设计，与建筑这一门科学一样严谨，追求最低程度的差错。为科技书籍构建纸空间，非常契合科技书籍自身的象征，科技书籍的平面的空间化，即实现了科技传播的立体化。究其原因，这是在于科技感的书籍中虚的部分极少，必须从中挖掘出亮点，从而树立出同样严密的逻辑体系，并为科技书籍构建出卓绝的纸空间。

书籍设计与建筑设计，同样是在形成几何学的空间。可以说，空间，即是几何学的综合运用。几何学的特点是创造出形式美，而做到多样统一才能产生不唐突的和谐，这在一定程度上应和着大自然的造物规律与发展规律。毕达哥拉斯学派作为几何学的先驱，他们从自然科学中发掘和谐——"美即和谐"，如同构建空间的目的所在，产生共鸣、超越想象，从而有了美。

建筑领域对于固定空间与可变空间等空间理念的深入研究，在书籍设计领域，同样可以助力于构建纸空间，譬如交错空间，我一直试图在书籍设计中实现纸空间的层次变化，

一方面展现出书籍设计中"酷"的一面；一方面也展现出书籍设计可以带来的"趣"的一面，有时灵活多变、脉络清晰，有时复杂多变、理性潜藏。

现代建筑设计界，密斯·凡·德罗对于结构空间的再开拓，改变了人们以往对于建筑的认知，结构有时并不需要过度掩饰，相反，经过密斯·凡·德罗作品的教科书式的传播与影响，结构同样能带来卓绝的形式美，只要实现科学构架与艺术赏阅的巧妙融合。密斯·凡·德罗对于裸露结构的理念，影响着我对书籍装帧的喜好，裸露书脊，是我乐于展现的尝试之一。

代表作品解析

沿途的风景·向下走 《世界地下交通》，常人看来枯燥的"地下交通"用意识化的手法来表达。封面主题明确，简洁而紧扣主题。全书阶梯状的外形设计有秩序，极富理性，造型结构很有特点，书页上缘斑驳的图案模拟的是柏油马路外观。文字和图片的排列严谨，纸张手感柔软。

"沿途的风景"，《世界地下交通》一书的核心设计理念，流动的风景，展现出"交通"本意，向前走、一路向前，而人的视觉领域中，不断变换的是沿途的风景。

书中每页上部，横向的块图，通过视觉语言展现出了交通与旅行过程中可见的各种风景，不断变换，显现出大交通的概念。整书台阶式装订方式，则反映出书的自身主体——地下交通，我们需要沿着"台阶"走下去，才能触及地下空间。

书中绿颜色的运用，源自交通信号灯的色彩。白色的护封形成白色的天空的感觉，相对应的，黑色的"台阶"反映出地下空间的视觉感受——走入地下，通过台阶。

"黑与白"、"极与简"《菲呢克斯国际》，这是一套高端楼盘的楼书，通过纯粹、理性的视觉语言表达了至极至简的概念。这可以算是理性建构"纸空间"的典型作品。

作为一本楼书，其特点是在整本书的视觉空间体系之上再构建本书的文本体系。通过延续建筑、室内设计师的空间概念，抽离出了"极与简"、"黑与白"这两个视觉体系与文字体系，因而分为黑本与白本，而黑与白所形成的灰色系空间，成为黑本与白本的集合封套。

墨分五色，UV、烫、有光、亚光等工艺形成了各种各样的黑色视觉效果。白色同样如此，理性的文字。此间的文字、图片排版，严格按照建筑空间的网格结构而形成。譬

如《至》本中的"至极"、"至简"上下篇章，都分为六章，每章四篇，形成了严密的文字架构体系，并因此运用于设计之中。

跨越流水　《中国桥梁建设新进展》，桥，跨越流水。《中国桥梁建设新进展》整本书，在设计上，复现"跨越"概念。

封面的水波纹线，一直延伸至环衬及书籍内页内部。长长短短的水波纹贯穿其中，将桥的跨越感表现出来。书中采用刀版、拉页等工艺，切口处将书中章节通过纸张颜色、阶梯状色块来划分，易于读者翻阅，并具设计感。

每个章节处亦根据不同桥型进行设计，具其桥型特征，分章明朗。书中大量采用跨页整幅桥梁美景增加视觉感染力。在排版上，中文、英文得以分别，中文背面、英文正面，并且加以黑色和蓝色区分。

地平线　《地下空间科学开发与利用》，常人看来枯燥的"地下空间科学"，在《地下空间科学开发与利用》的设计中，得以用意识化的手法来表达——地平线。

书封的黑白对比，就如地球的昼夜，之间的线创造出差异感，视野中的地下空间带来的延伸感、纸张的纹路则表征

PROUD
AND
POWERFUL
至像

The Religion of Ideality

赵清书籍设计作品

4

5

赵清书籍设计作品

6.7《文化与建筑》

8.9《传播与会通——〈奇器图说〉研究与校注》

地质纹理形象的寓意。

文字内容大多排版在以扉页上"地平线"为标准的上部。而下篇眉头、页边色块底纹则多采用绿色。文字内容也大多排版在以扉页"地平线"为标准下部。上篇过门处的序言部分采用与上篇统一色块、尺寸相同的天蓝色纸张装订进书页之中，下篇过门处亦作同样的处理。上下篇的不同设计，在形式和内容上都达到统一。

纸上江南 《文化与建筑》，小桥、流水、黛瓦、粉墙，《文化与建筑》呈现出完全的建筑感设计。平面空间化的过程，需要进行多种工艺的尝试，在此书的设计过程中，为了实现预设的空间建构创造点，我与团队不断尝试多种工艺，以达到预想的最满意状态。在封面书名的工艺选择上，我们尝试了烫白、烫银等多种技艺，最终选择了珠光白，同

时，对书名的字体进行了设计，集合了传统文化的元素，同时反映出建筑的特色。

正是试图以这样的"建筑体系"概念，让此书的设计从"皮肤"到"血肉"，有条理地将我欲表达的思想与文化进行视觉再现：从整体到细部，从无序到有序，从空间到时间，从概念到物化，从逻辑思考到幻觉遐想，从书籍形态到传达语境。

打开书就是一个盒子，这是本书的设计理念，与其建筑的特征相吻合。薄薄透明纸张，体现出文化的感觉，江南之美，隐隐约约。前后的层叠关系，荧光的英文字母在整本书中游动，是对中国传统的经折装的致敬。

上下两个板块的风格由经折装的内页承接。表示章节的数

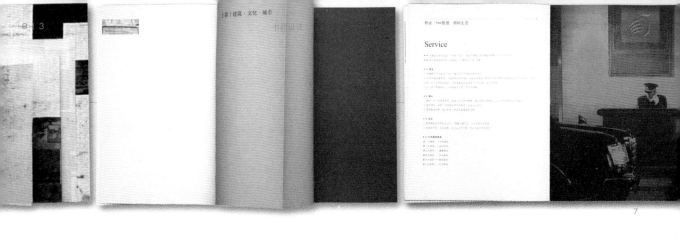

字，与汉字的构成相结合，并且在不断游走，如建筑的层级的攀升、下降。节奏感藏于其中，需要读者的思考与发现，不经意间"嫣然一笑"，就好像站在了高楼上欣赏城市的风景。上下两种不同印刷用墨方式，营造了不同的感觉，与书——这一建筑本身的内容相呼应。

横竖 《传播与会通——〈奇器图说〉研究与校注》，本书分为上下两篇。上篇为研究与校注，下篇为原著的影印本。从颜色上开始的规划，上篇从封面到内页的整本印刷都选用了透着科技睿智厚重沉稳的群青色，印刷成体后在书口处刷上色，将整本里涵盖的西方海洋文化通过颜色来诠释，更加形态化。下篇采用黄旧而有质感的纸张，古式竖列的原著摹本，加以注解，近乎将原著完全体现在读者眼前，并在书口处刷上金色，整本透着浓浓的中国书卷含蓄之美。

上篇内页横式排版，下篇内页竖式排版；蓝色横条和白色竖条于上下篇里贯穿始终；阿拉伯数字与中国汉字的页码相互对应；上篇的翻阅方式为西式从左向右，下篇为中国古书从右向左翻阅。

上篇中的设计更多体现出西方文化传承于中方之后的会合与交融，中国人以自己的方式去领会、去学习并探究，用中式线描勾画去解说西方版画里所寓有的含义。下篇将《奇器图说》原文影印并加以注解。

II 书籍的纸空间

除了科技书籍设计之外，我与团队还涉及了图书设计的各个领域，艺术家画册、文学作品、杂志，等等。同样根据各种类书籍的特质建筑了各自的纸空间。

恋之风景 《恋人版中英词典》，鉴于作者在写作上的探索精神，我们在这本书的设计概念上，也赋予了一层探索的意欲，试图用开放性的思维展开创作。通过翻这本书，你可以看到整体色彩并不是一般小说那样单一的黑白，而是采用了雪青色和玫红色两大基色。在书中雪青色——英国 & 男子，玫红色——中国 & 女子，色彩的隐在性格又分别隐喻了书中男女主角各自的属性和性格特色。

玫红色和雪青色在书中大量呈现：玫红和雪青的荆棘鸟；玫红和雪青的中英文；玫红丝带和雪青的丝带书签；玫红和雪青中英式日历。封面与封底上白描手绘玫瑰花和荆棘鸟的图案细致而典雅，并展示了故事的发展：玫瑰花美轮美奂的存在，雪青色荆棘鸟在一个残缺的"爱"字上驻足，玫红色荆棘鸟飞来，半个身体遗留在封底，而在封底上玫

赵清书籍设计作品

10

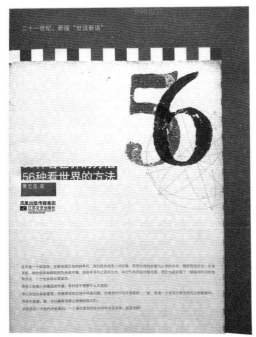

11

瑰消失无踪，雪青鸟与玫红鸟背道而驰，大有劳燕分飞的悲怆。

同样的寓意展现在书籍中间部分的两色区域，9 页玫红和 9 页雪青，页脚处的图案以影片胶片定格的形式存在，一连串的"胶片"（鸟 & 花插图）快速链接起来如一场两只鸟在花盛开、凋落配景下相遇分离的小型电影，纸张中的白色区域部分起了一些记事本的作用。

整本书用手写的页码，每段故事配上与之内容相符配的随性插画（一个 10 岁小女孩所绘），透明胶带撕划过纸张留下的印痕，一种随性、闲散、优雅、质朴的感觉氤氲而生。我们让文字也开始了一场恋爱——为让读者能够充分领略作者的意图和主角在语言上的变化，本书采用了英汉对照的形式。中英文书中约会，密密麻麻，疏疏散散。在"之前"相遇，经历了此年 2 月到第二年的 2 月之间 12 个月，在"之后"终迹；字体排版上，中文采用横版版式，英文与之相对竖列排版；鉴于目录的 12 个月，在设计上，我们在目录故事前附上每月中英式日历各一份；书中以 80 个英语单词命名的故事，每个单词都在相应的故事英文段落中用不同色的笔特别标志，并将每个英语单词的中文意义排列出，"词典"的功能展露无遗。这些设计将男女主人公的独立个体以及其文化的融合与碰撞、生活方式之间的强烈

差异，以这种方式展现出来。

书脊采用裸脊的形式，触感特殊，书脊中的颜色一目了然，塑造以脊为轴，且对称兼平衡的"场"。材质上我们采用柔软舒适的轻质纸，和手指的互动配合无间，读者所得的内容，随着自己的参与慢慢展开：用手翻，得到的内容是"Outside"（外面）；用心触，得到的内容是"Inside"（里面）。就像书中的情爱，面对一个爱人，用手，用唇，用心，因参与方式的变化，你会读到不同的东西。

作者说："这本书里没有什么是真的，除了他和她之间的真爱。"我们说："这本书什么都是真的，书中的文字凝聚了作者的思想，我们的设计渗透过作者所表达的灵魂，将书的物质构成总是根据它所承载的思想，通过色彩、折叠、涂鸦、空间、位置、逻辑、材质、形状、构图……建立起来。无论是装订、章节划分，还是文字编排，都凝成了一股合力，塑造了一个形态与内容统一的设计，构成了另一番中西合璧的'恋之风景'。"

《56 种看世界的方法》，设计灵感来源于红与蓝的航空信封，表现一个跨越全球的女作家的 56 篇随笔。航空信封的设计理念，源于作者跨越了中西文化，文为国际视野的生

活小品。

开门红《南京当代艺术年度展》，开门红，春联纸。打开书，二三十页的红色，冲击着读者的眼球。核心设计因而展现。所有的文字排版，有红色的叠印穿插。

且看书籍设计前辈吕敬人先生点评此书：

该设计虽无直接运用中国元素符号，却通过白红、红黑两个对比色层次化地将中国元素渗透进这一本表现当代艺术的画册的语境之中。设计者很好地把握住纸张印刷的中国味道，比如隔页使用中国民间用于书写对联的红色纸笺，活字印刷呈现的墨色泛溢感和染印色纸不经意留下来的自然痕迹，给人带来妙不可言的随意感。无脊装订使书面翻动触柔飘然，体现出中国书卷的阅读意蕴。

全书内文编排结构清晰，双面对放的隔页强化层次关系的交代，新字体的几何造型与构成主义的排版模块，造成现代感与传统间的离离合合，错综胶合。文字竖排横读，文字体例灵动中保持平衡，英文对比错位的动态阅读，均出其不意又耐人寻味。

《南京当代艺术年度展》的设计，时时体现出设计者将时尚

与传统、贵气与草根作为一种风格的贯穿，精巧的线与字和粗拙的点与面，将锐与钝、雅与俗形成对比和谐地把控。全书戏剧化的图、文、色、空白的处理，恰到好处。手折海报作为包封与书浑然一体，形成书籍信息的延展，不失机智的玩法，妙趣横生。

从字标开始的设计《07/70》，2007年举办的70张海报的回顾展。用字标展开了一本书。以舒朗、简洁的排版方式，极力烘托出作品。没有作多余的设计。

尘封历史·面向未来《无界》，这是一本来自古城南京的文化创意协会的介绍册。运用特殊的装订形式反映"尘封历史、面向未来"的概念。整个画册的架构来自于一本老皇历。表现古朴气息的新闻纸和颇具现代意味的荧光绿色的穿插表现了历史和未来的主题。

白涌的《查济》，这是一本关于查济的摄影小画册。影像部分印在光滑的纸面上以体现其黑白影像的细节，而其余部分利用粗糙纸感的纸质与之产生对比。用文字的手法，从大到小，展现"白涌的查济"本身。纸张、图片，尽力还原摄影作品的真实性。

《画魂》，画框，一切围绕画框展开，从内到外，皆以画框

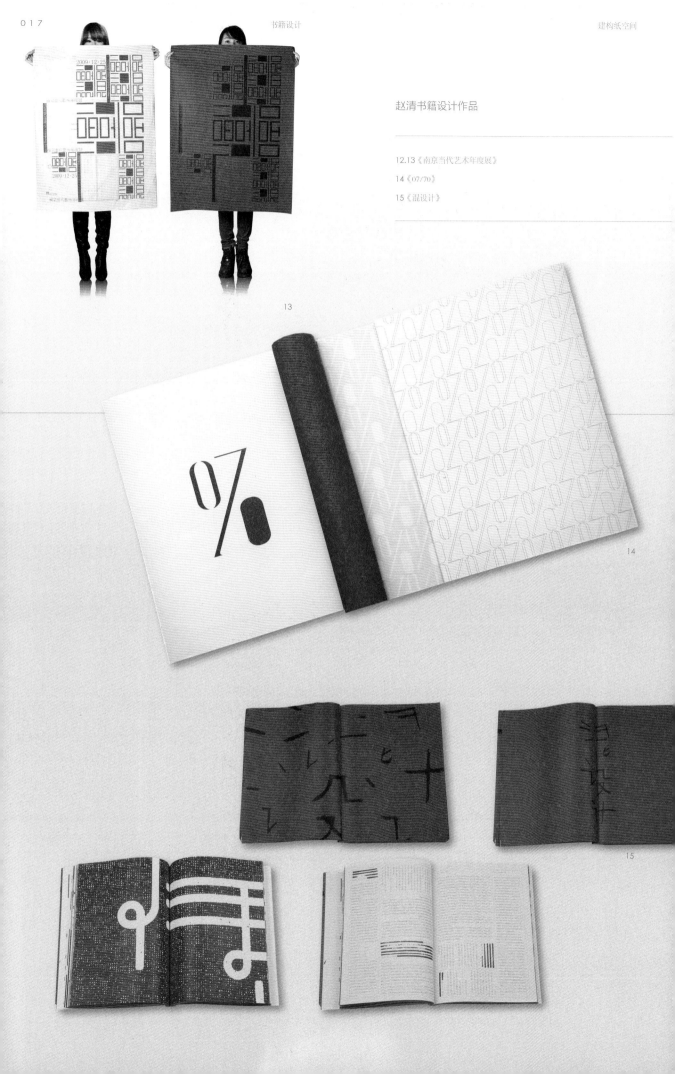

赵清书籍设计作品

12.13《南京当代艺术年度展》

14《07/70》

15《混设计》

白勇

查济 第一回

16

赵清书籍设计作品

为设计基本点。画框的概念贯穿着这本设计，各种构成方式、各种纸质材料围绕着画家潘玉良的故事展开。纸张的选择也契合了油画家的气息。

红色解构《混设计》，这是形象设计师洪卫的名为《混设计》的作品集。设计这书的难点在于怎样用一种新的书籍形态和表达方式来表现洪卫"混"的概念和标志作品。经多次尝试，最终决定将标志作品重新解构，用红、黑两色来概述。运用了传统的折页方式，将解构的标志里外套印，共同诠释出一个作品；儿童涂鸦式的标题文字更给本书增添了阅读的跳跃节奏感。

《阿海》，这是一个叫阿海的中国画家的参展作品集。画册只展示了他的三十几幅作品，所以在设计时融合了画家本人的影像和画面的底纹以增加他的厚度。通过几种纸张的精心选择，对画家素材重新解构，以颇具当代意味的设计

手法，层层叠叠地表现了中国画家笔墨的新韵味。

《人皆英雄》，画家沈敬东的展览画册。为符合作品气息，我们在书籍的设计上采用红、绿两色搭配。调动一切元素，表现了"文革"时期的感觉和当下的时尚气息。设计用比较夸张的手法展现了那个时代的英雄人物的形象。

Ⅲ 空间里的海报

海报设计是我探索和实验平面设计最前端语言的独特方式，也对色彩、字体、图形、空间展开了研究。在我大量的海报创作过程中，也有一部分对空间形态的研究占据了海报的主要视觉元素。海报设计语言的训练，一方面是对设计原创概念的训练，另一方面是对当下的表现形式与语言的训练，辩证地表现了形和意。

17

18

19

The 5th Anniversary of Macao Handover

赵清海报设计作品

《乔迁》，用二维平面视觉表达三维立体空间的概念。表达乔迁到新空间、开始新起点的喜气感觉。

《瀚书籍》1，用瀚清堂设计的首字母"hd"所构建的书籍的空间。《瀚书籍》2，插在书架里的书签形态变化呈现立体空间状态的书籍。

《瀚清堂·字运动》，让瀚清堂设计的首字母"hd"成为自然界里的一道空间景观。

《字体 Typography》，由字体（Typography）组成的空间里的汉字结构和形态。

《回归》，在空间体块关系里所呈现的"回归5年"。

《上海世博会（1910—2010）》，100年前的老月份牌和100年后的外滩，前后空间所营造出的100年的上海变迁。

《阅约深美》，由中国汉字"美"所构建的中国最早的美术学院。这是南京艺术学院09毕业展的海报。整体上，用汉字"美"来建构画面的同时，融合了"09"、"院徽"等元素，并与表现学院悠久历史的图像前后穿插为一个整体。海报表现了学院的历史，也向世人昭示了未来。

让我们

"诚实" 地设计

袁银昌

"中国最美的书"评委

中国上海设计家

上海文艺出版社艺术总监

中国出版协会装帧艺术工作委员会副主任

上海市出版协会书籍设计艺术委员会主任

每到春天，总有一种声音在我脑海里响起，那是布谷鸟的声音。小小的鸟儿飞得高高的，在蓝天白云之下，它只是很小的一个点。随着叫声，它上下飞舞，告知人们：春天到了，赶紧撒谷播种。那是我的童年记忆。

少年的我在劳作和放羊之余会躺在海滩边开满各色野花的草地上，嘴里吮嚼着毛针（一种野草的花茎，微甜，现已难觅其踪），看着空中鸣叫的鸟儿，缓缓飘过一会儿似马、一会儿似人不断变幻着的云彩，热爱自然之美及表现美的种子已在幼小的心中播撒。

恍然间，已到知天命之年，儿时播撒的种子是否已开花结果？我的梦想是否已实现？是的，当初播种的理想之树已长成，只是不够高大；也开花结果了，但花不艳、果疏疏。但只要这棵树诚实地立在那儿，再小，我也就心满意足了！

在书籍设计这一行耕耘也已有三十多年了，从 20 世纪 80 年代初国门初开时书籍设计的变革求索，到 90 年代末电脑技术的应用，书籍设计由此走向多媒体、数字化时代，再到本世纪初十余年的快速发展期，可谓经历和目睹了中国书籍设计最特别的历史时期，中国的书籍设计也从程式化的设计风格向多元化和国际化的方向迈进。这当中也涌现了一批成绩斐然的书籍设计家，一些设计家已跻身世界优秀艺术家的行列，他们的作品不断地在国际性的展览评选中获奖，为自己、为国家争得了荣誉；一些设计家为新时期的书籍设计赋予了新的观念和理论，使我们的书籍设计理念更为完善，并对今后的书籍设计发展有着指导性意义。

在此我不想复述一些已有共识的书籍设计观念，只想谈一点自己在设计实践过程中的体会，这里想说的就是：设计中的"诚实"。

袁银昌作品

1~3《宝相庄严》

袁银昌作品

4~6《石墨因缘》
7《陈诗张画》

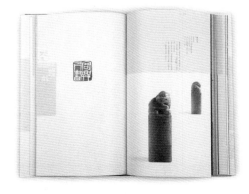

7

记得多年前去一作家朋友家，只见他在痛苦地撕自己新作的封面，但见此封面艳俗不堪，一如当时所谓的地摊书。朋友说，我撕后换上一张白纸，手写一条书名即可，也比犹如假冒伪劣商品的包装要好些，要更"诚实"一些。

听到撕书页的"嗞嗞"声，我的耳边又响起了布谷鸟自由而"诚实"的鸣叫，这两种声音在我心里交织在一起反复响起，一种是让人（特别是书籍设计师）有痛感的撕裂声，另一种则是近乎天籁的咏唱。我的一位大学老师，人品艺品俱佳，心无旁骛，一生倾情于他的绘画艺术。要是稍加炒作，他早已是蜚声海内外的大师，但他最为看重的是一位国外艺术评论家给出的评价——"他是一位诚实的艺术家"，认为这是对他最高的褒奖。

"诚实"对一个设计师来说，既是做人的准则，更是一种创

作的态度，或者说是设计每一件作品时的出发点。"诚实"也是一种坦荡、自信、真诚。如果怀着这样的情怀去创作，那么他的作品也一定是"诚实"的，他就不会以借鉴之名去模仿甚至抄袭，也不会轻慢地对待他所设计的任一件作品。

"诚实"也是一种坚持，坚持自己所走的艺术道路，坚持自己的艺术主张，在创作上不要无原则地妥协。记得在设计《锦绣文章——中国传统织绣纹样》一书时，在设计的一些细节上与作者、编辑意见相左，甚至一度在创作编辑团队中形成了"两派"。我们都是朋友关系，但在创作、设计过程中都会坚持自己的主张，据理力争，最终找到了一致的解决办法，实际上还是让事实说话：让印刷公司用不同的设计方案、不同的纸张材料打样比较，大家都尊重事实，最终才会有理想的结果。当然"诚实"又是能包容的，要

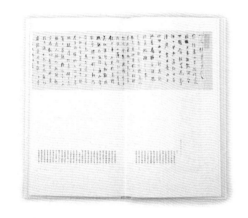

8

9

学会在各种不同意见之中寻找合理的成分，以此来弥补不足并完善自己的设计作品。

用"诚实"的态度去设计作品时，你就会真正地做到用"心"去设计，而用"心"设计的作品，会更"真实"和"自然"。如果具备了这几点，那作品一定会很美。

"诚实"看起来很简单，但要真正做到却很难。它是一种境界，需要不断修炼自身，摆脱一些世俗的诱惑，不为所谓的潮流所左右。书籍设计，贵在沉静，贵在自然，而"诚实"本身就是一种美的品德。从"诚实"出发，就会设计出美的书籍来。

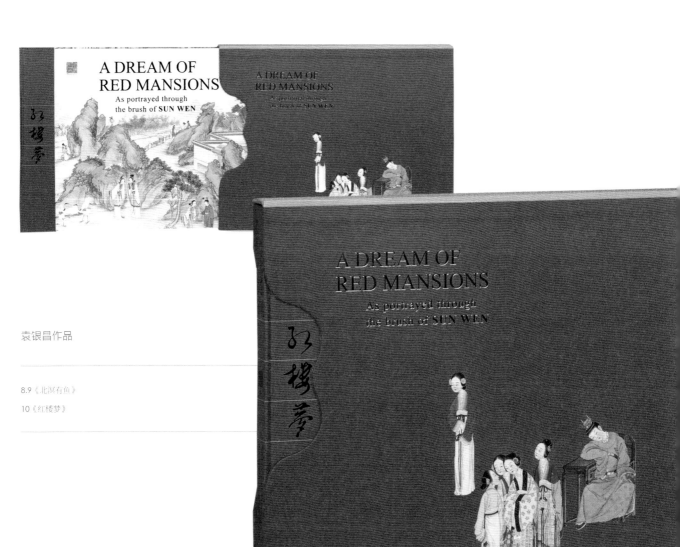

袁银昌作品

10

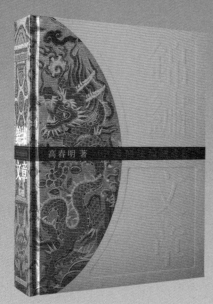

袁银昌作品

11《锦绣文章》

愉阅《锦绣文章》

——读袁银昌《锦绣文章》书籍设计有感

吕敬人

近日读著名书籍设计家袁银昌先生的一部设计作品《锦绣文章》，读后感受颇多。其中固然有对著作者丰厚饱满的内容与对中国古代织锦纹样精深的研究成果的钦佩，更多的则是为本书设计的恢弘气度而感动不已。全书设计对主题气氛的准确把握、视觉符号的精巧运用、图像还原的严谨到位、设计理念的崭新体现均有充分的展示。有人称作家、画家有大手笔，我认为书籍设计家也有大手笔。袁银昌的设计非简单的装帧，而是贯入书籍信息视觉传达新概念的佳作，也可谓大手笔。

我以为《锦绣文章》（以下简称《锦书》）的设计有以下几个特点：

一、《锦书》的设计为读者创作了与内容相融的阅读氛围

书籍设计是经过设计者对内容的深入理解，通过感性的创想、理性的周密策划，并对信息的有序编织和工艺印制的完美呈现，构建完整体现内涵又具想象力的设计师心中的书籍"建筑"过程。阅读《锦书》设计，让你犹如进入图文营造的精神栖息地，绚烂的传统织锦纹样所渗透出的中华古老文明的文化气息无处不在，其为阅读环境取得一种亲近和谐的空间。

这是设计者的高明之处，不为设计而设计，也非为装饰打扮作设计，设计者抓住书籍设计理念中最为重要的难点———设计为读者创造与内容相融合，并令他们身临其境的阅读氛围。

今天我们仍可以在书店中看到许多形式与内容游离，内文与表皮毫不相干，图文编排无秩序、无节奏、无层次，充斥着噪声杂音，装帧漂亮却毫无文化气息，更无书卷语境可谈的书籍，这是部分设计师、出版者装帧观念滞后所导致的在书籍市场中为了赢得短期效益的浅显认识的结果。

袁银昌在《锦书》中把握住本书主题的灵魂，并由此运用各种视觉表达语言引申出文字以外的令读者感动的人文气息。当读者拿起这本书进入阅读"剧场"，首先从丝织材料印制的精致封面开始，我们就从心理触摸到全书的主题——一个表现中华锦绣璀璨的织品纹样的世界。巡视全书的三个立面，由每一页周边的图像设计合聚而成的天头云纹表面和地脚立面的水纹，书口侧面呈现出生动的龙纹，随着翻阅的过程，一条腾龙穿云破雾，翻江倒海跃入你的眼帘，并让读者的心绪全然融入全书的主题气氛，这已超越了一般化的装帧概念。

开启封面后，设计者逐层逐页地引导读者有趣味地进入主题，品味织锦奇葩艺术的佳境，《锦书》从结构、色彩、图文、符号、空白，无不在诱发读者的想象力。日本著名的设计家杉浦康平曾有此论述："一本书不是停滞在某一凝固时间静止的生命，而应该是构造和指引周围环境有生气的元素。"

袁银昌恰如其分地汲取并提炼出本书中表现内在意蕴的有生气的元素，使书籍的内涵充分的展示并得以升华。

二、《锦书》设计贯入当今书籍整体设计的新概念

书籍设计应该是一种立体的思维，是注入时间概念的塑造三维空间的书籍信息载体。其不仅要准确把握住书的外在形态，更要通过设计让读者在参与阅读的过程中，人与书之间相互影响和作用，而得到整体的感受。

袁银昌在完成本书的整体架构和形态定位后，全力投入书籍内容的信息编排的创意之中，他与作者反复研究，共同探求以书籍视觉语言来掌控全书的传达线索，经营好全书的层次、节奏和表达方式的设计思路。比如贯穿于全书的边框形式符号设定了主题表演的舞台架构，以及与读者交流的阅读模式，逐页连续的空白缓缓引入扉页；一只"与彼朝阳"的翔凤领你走进主题的领域；一片白云穹托着全书的目录；上下卷的卷首页的十二根彩条为全书走针引线，七彩线注入序文的第一小节，像一棱棱七色光在空间和文字的经营中渗透流动；图版部分体题排列，有序不紊；"龙莽纹"、"凤凰纹"、"珍禽纹"、"瑞兽纹"——图像的切割、分解、会聚，集中与分散，局部与整体，均有刻意的斟酌，平中有奇，静中有动，小中见全，一页一页的设计，如同舞台中的一幕一幕好戏；准确设定的字体、字号、行距、字距、符号、页码、空白，像围绕着主题正在声情并茂演示自己的角色；最后疏朗的空白尾声页中的"清道云鹤"像在回味全书的余音，与开首页的翔凤相呼应。

把握书籍语境的传达意韵，在于书籍设计语言的准确运用，从整体到细部，从无序到有序，从空间到时间，从逻辑思考到幻觉遐想，从书籍形态到传达语境——一种富有诗意的感性创造和具有哲理的秩序控制的能力，是书籍设计家应该具有的新概念。

书籍设计与以往的装帧不同，其不只是一个外表的装潢和简单的图文版式排列，而是设计者在理

解主题内容基础上介入全书信息的编辑设计，是对主题内在组织体从"皮肤"到"血肉"的三次元的有条理的信息再现，更要为读者注入阅读愉悦的感受和启示想象的空间。袁银昌先生的设计掌握好"锦书"外表与内在表现的呼吸关系，而使读者得到畅游于时而波澜壮阔、时而涓涓细流的中华文明之河的阅读享受。

三、书籍设计物化过程中的精神体现

当今流行的数码技术带来的各类新媒体的普遍使用，几乎改变了每一个人的生活，屏幕已经成为一种新的并被广泛运用的信息载体。不能否认信息传递的多元化使人们更快捷地获取信息，这是社会发展的一种进步。但是也不能否认一部分数字化的设计带来一堆千篇一律、如同转基因食品那种乏味的视觉垃圾。一些书籍设计也在高速运转的书籍市场"快餐"中，减弱了自身的特质，并忽略了图像再现的严格要求和图书语言的综合运用。有的作者，出版者拿着数码相机胡乱一拍就当做出版书籍的图像作品敷衍读者。这是一种极不负责任的做书态度，当然这类低质的书造成资源的极大浪费，我认为这也是一种精神污染。

然而，我在这本《锦书》中观赏到的每一幅作品都是如此精致，图像清晰，还原到位，质感饱和，每幅图均有上佳的表现，视觉信息得以充分地传达。本书的著作者是一位极严谨又深谙艺术美之道的专家学者，他奠定了本书好的基础，但设计者在后期制作中的深刻理解和技术把握是在这一基础上的完美再现。据说袁银昌对每一幅图都亲自反复调试，从明度、对比度、饱和度、清晰度、还原度，决不放过细微的误差，他在CMYK的游戏中可以说是一位高超的玩家，当这些图像印刷在经他一手反复挑选的特定纸张上，一幅幅灿烂绣锦力透纸背，浸润着文化意蕴的中华古老艺术张力，直可称之为一篇锦绣好文章。本书的图像质量在同类画册中可以说是出类拔萃的。如果没有设计家的艺术眼界、设计功力，还有敬业精神是达不到如此的高品质，并让读者有此美妙的视觉享受的。

书籍设计是一个将工学与艺术融合到一起的过程。书籍设计应是编著者、设计者、印刷工艺者共同完成的系统工程。今天我们有意模糊著作者、编辑者、发行人、设计者的明确分工，也不确定书籍形态、信息构成、印制工艺和媒体属性的划分界限，书籍设计是一种大设计的概念。

"当我们从头到尾去阅读书籍时，无疑最重要的部分是idea———一种'物质之精神'的创造。作为物化的书籍，我们所创造出刻画着时代印记的美——给现在的以至于将来的书籍爱好者带来的快乐永远流传下去。而在新鲜的外表下，无形又不可见的即是我们深藏其中的传统。我们为这个世界增添了一些美好的东西。"

这是德国著名书籍设计家戈内·A.卡德威的一段精彩的感悟。

我由衷感谢《锦绣文章》著作者高春明先生和设计家袁银昌先生为我们今天的中国图书增添了一件美好的东西。

读苏州，做江南文章

周　晨

苏州，是一部叙述江南文化的书

我，有幸生活在这部书里

乐在其中，从事着与书籍制造有关的事

地　气

苏州作家朱红先生送过一本他所著的《寻找苏州》，书中这样写道："从《平江图》到今年新版的苏州市地图相距七百多年，其间迭经兵燹战乱、社会变革、人事沧桑，城市当然不可能还是老样子。但古今两图相对照，你会惊奇地发现，城市的传统格局基本未变：三横四直的水系、街巷的走向和小桥流水的风貌大体相似。也就是说，当你信步临顿路，很可能踩着了周瑜的脚印；踏上皋桥，站的也许是唐伯虎凭栏处；假如你在沧浪亭石亭憩息，没准儿坐在了金圣叹坐过的地方！"

儿时的老屋旁有条专诸巷，沿着巷子往北，有一段废弃的城墙，小学放学后会与同学一起到城墙头上去玩，与城墙相连的城门早就拆掉了，这座城门叫做阊门。有一幅清代著名的风俗画《盛世滋生图》（又名《姑苏繁华图》），全长 1241 厘米，藏于辽宁省博物馆，是宫廷画家徐扬所绘，阊门是长卷中重点描绘的一处场景，曹雪芹在《红楼梦》开篇中更是将阊门称之为"最是红尘中一二等富贵风流之地"。阊门往西可到达山塘街，沿着岸边漫步，走过七里山塘就能到虎丘正山门，若走水路，自然更有一番别样风味，乾隆皇帝下江南，每次到虎丘都是走的这条线路；阊门往东便到了另外一处名胜地——桃花坞。虎丘是苏州人经常会去的地方，把苏州比做一部书，以虎丘塔的高知名度、高出镜率，虎丘肯定是苏州的封面，担得起这封面人物的，一定是桃花坞里经历传奇的风流才子唐伯虎了。

苏州堪称工艺之都、传统设计之城，工艺美术门类齐全，工艺精湛。我小时候苏州的工艺局系统很有规模，下辖很多厂家，桃花坞地区聚集得特别多，玉雕厂、木雕厂、漆雕厂都在这一地区。我家的亲戚大都在工艺系统工作，大叔是搞民族乐器的，二叔是搞传统灯彩的，姑姑学的是裱绢，我记得她工作的车间就是"艺圃"，现在的世界文化遗产，文徵明曾孙文震孟曾是园主。我父母工作的苏州扇厂就在桃花坞一带的廖家巷，厂区并不大，但也有两三栋厂房，几百人，专做纸折扇，按制扇的各道工序划分成若干个部门。父亲师从国画大家周天民，当时他负责设计室，这是工艺系统单位都有的新品开发和技术把关部门，母亲在绘画车间。很多苏州一流的老画家都参与过扇厂外发扇面的绘制工作。印象中，我就有过好几次随母亲去外婆家

周晨
1971 年出生，苏州人
毕业于南京师范大学美术系，苏州大学艺术学硕士
文化部青联美术委员会副秘书长
中国美术家协会藏书票研究会理事
历任古吴轩出版社美编室主任、总编辑助理、
苏州平面设计师学会秘书长
现为凤凰出版传媒集团
江苏教育出版社艺术教育出版中心主任、副编审

主要奖项
2001 年获首届全国优秀艺术图书奖
2002 年获第十三届中国图书奖
2002 年获第十三届冰心儿童图书奖
2004 年获第六届全国书籍装帧艺术展铜奖
2005 年获“中国最美的书”奖
2007 年获首届“中华优秀出版物”奖
2007 年入选中国新闻出版总署首届“三个一百原创图书工程”
2008 年获“中国最美的书”奖
2008 年获第十七届“金牛杯”优秀美术图书铜奖
2009 年获第七届全国书籍设计艺术展文学类最佳设计
2010 年获“中国最美的书”奖
2011 年获“中国最美的书”奖
2011 年获首届中国传媒设计大奖书刊设计类最佳装帧设计金奖

1 唐伯虎晚年所筑桃花庵，曾经是苏州扇厂的托儿所，我的童年就在这里度过

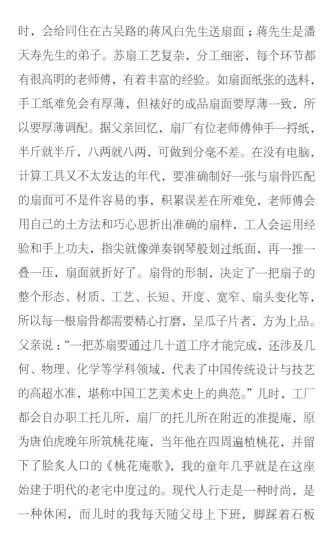

时，会给同住在古吴路的蒋风白先生送扇面；蒋先生是潘天寿先生的弟子。苏扇工艺复杂，分工细密，每个环节都有很高明的老师傅，有着丰富的经验。如扇面纸张的选料，手工纸难免会有厚薄，但裱好的成品扇面要厚薄一致，所以要厚薄调配。据父亲回忆，扇厂有位老师傅伸手一捋纸，半斤就半斤，八两就八两，可做到分毫不差。在没有电脑，计算工具又不太发达的年代，要准确制好一张与扇骨匹配的扇面可不是件容易的事，积累误差在所难免，老师傅会用自己的土方法和巧心思折出准确的扇样，工人会运用经验和手上功夫，指尖就像弹奏钢琴般划过纸面，再一推一叠一压，扇面就折好了。扇骨的形制，决定了一把扇子的整个形态、材质、工艺、长短、开度、宽窄、扇头变化等，所以每一根扇骨都需要精心打磨，呈瓜子片者，方为上品。父亲说：“一把苏扇要通过几十道工序才能完成，还涉及几何、物理、化学等学科领域，代表了中国传统设计与技艺的高超水准，堪称中国工艺美术史上的典范。”儿时，工厂都会自办职工托儿所，扇厂的托儿所在附近的准提庵，原为唐伯虎晚年所筑桃花庵，当年他在四周遍植桃花，并留下了脍炙人口的《桃花庵歌》，我的童年几乎就是在这座始建于明代的老宅中度过的。现代人行走是一种时尚，是一种休闲，而儿时的我每天随父母上下班，脚踩着石板路，行走则是主要的交通方式。匆匆穿越于古城的老宅小巷，过街楼上飘出来的是曼妙的评弹，横卧在水巷之上的是古老的廊桥，枕河人家对面是正在对景写生的美院学生，这一幕幕的视觉感受已经藏在了我的记忆深处，让人无法释怀。

有一次，旅居西班牙的画家冷冰川来苏，说起每次回国到各地走走，可以接接地气。艺术家生活在海外，艺术之源仍在他生活过的地方，在广博的中国传统文化中。其实每个从事艺术的人，都会有着各自的生活环境、知识结构、从艺经历，所有的一切都是在不断累积，最终表现在创作上，流露在作品中的是融会贯通的视觉感受与文化语境。我想，冰川所说的“地气”，应该就是艺术家创作的原动力，得气也好，养气也罢，都不是急功近利的，或是即学即用的，更不是摆姿势作秀，而是真正的潜移默化，从量变到质变，中国文化的精神、体验与学习中国艺术的过程就是这样的，这样的理解似乎有违这个高速发展的时代对每个人的要求，但确是真真切切的脚踏实地。

2 苏州景致

书　事

很有缘，我从事书籍设计一开始就接触了大量的苏州题材乃至江南区域文化的书籍，从历史掌故到地方传说，从古城地图到街巷志书，从园林名胜到古镇老村，从昆曲古琴到民间工艺。江南，其文化内涵与容量，若成立一家专业出版社都是不为过的。

苏州文化是江南文化的代表，其最大的特点就是一个"雅"字。什么是雅? 合乎规范，高尚而不粗俗，又可作副词解，很，极。

我在从事书籍设计时，也往往偏爱一个"雅"字，也许和我漫步苏州、行走江南所处的文化语境是分不开的。1998年在古吴轩出版社设计的第一套书是《苏州文库》，二十多册的旅游类小丛书，当时并不懂得如何去考虑市场效应，但素雅的封面设计在花花绿绿的旅游书柜台中反而抢眼了，可能暗合了苏州文化的低调不事张扬。这套书在苏州各景区非常畅销，以至于央视"读书时间"探讨全国的口袋书时，也把这套书列入其中。而后设计的第二套丛书

《忆江南丛书》，我用了纯正的江南蓝印花布与民国旧影的组合，开本在当时比较别致，居然引起了范用先生的关注。1997 年苏州古典园林列入世界文化遗产后，苏州园林局要编辑出版一部大型园林画册《世界文化遗产——苏州古典园林》，社里抽调骨干，成立专门的班子，我也在其中。编辑这部书的过程，真是一次重新体会理解苏州园林的过程。为了能编好此书，一方面先预习，我专门借阅了刘敦桢先生所著《苏州古典园林》一书，该书内容质量很高，是研究苏州园林很重要的一部著作，据说当时印后就毁版，所以很珍贵。尽管全为黑白图片，但每张都很精彩，有的欣赏角度我们平时到园林都未察觉，有的角度如今已无法复原，有的角度无法找到当时的制高点，可见当时的摄影主创是下了大工夫的。另一方面向专家请教，该书主摄影为上海摄影家金宝源先生，他随陈从周先生多年，深切理解苏州园林，他拍摄的图片除了园林表象的视觉之美外，往往会有独特的视角，匠心独运的造园之美就被他一一捕捉。最终，在反复删选他提供的几箱反转片之后，从中精选了近 400 幅，同时又根据本书的编辑和设计意图又作了补拍，使书稿不断完善。该书的部分精装本内页选了很少用的意大利象牙粉卡，为了保证质量，我和另两位同事赴深圳利丰雅高督印，香港师傅的印刷技艺让我和同事佩服不已。

3 苏州景致

《苏州水》是著名导演刘郎曾拍摄的摘取"星光奖"一等奖的艺术片力作，设计难度在于表达方式的转换。美妙动听的解说、优美动态的画面，在平面静态的图书中，优势荡然无存。因此所有的图片资料，都是由我和助手重新搜集整理完成，用平面的手法将这部经典的动态艺术片进行了新的诠释。《绝版的周庄》是以周庄为主题的一部优美的散文集。周庄的书太多了，但大都为不同时期出版的旅游书，书籍定位决定设计思路，抓住抒情散文这一主线。设计中如何去表现这"绝版"二字呢？我想到了余光中先生著名的《乡愁》："小时候／乡愁是一枚小小的邮票／我在这头／母亲在那头。"这句诗，虽然简洁易懂，但蕴涵了极大的人生真情，虽然直观通俗，却让人回味无穷。在意境上与本书有相通之处，并且提示了我一个关键的视觉符号——邮票，这个符号既应了"绝版"二字，又包含了很多复杂的情感和象征意义，意味深长。邮票的形式感很强，贴在牛皮纸的封面上，不张扬，却能营造独特的语境氛围。《泰州城脉》是社领导交付的重点任务，将《泰州日报》"品城脉"专版多年的文章分类合集，从地域看与我熟悉的苏州无关，然而，当我赴泰州寻找素材采风时，发现苏州和泰州在文化上很有关联，很多泰州人祖上的家谱都写着老家是苏州阊门。原来，当年朱元璋登基后不久，为了报复苏

州、松江、嘉兴、湖州一带王府绅民对张士诚的拥戴，遂以移民垦荒为由，将王府40万人丁驱赶到苏北，留下了一段众说纷纭的历史公案，这就是著名的"洪武赶散"。泰州有句俗语就叫"上苏州"，意思是进入了梦乡，可见对故乡的怀念。泰州人也有过冬至夜的习俗，从近处说赫赫有名的文坛大家陆文夫也是从泰州走出来的。设计时，偶然的灵感驱使我将书体设计成城砖的造型，当时我一定要寻一方泰州的老城砖为原型，在地方的配合下，终于找到了一块宋砖，奠定了全书设计厚重的文化基调。来新夏先生在首发式看到书后说："感觉四个字：不俗，沉重……这本书选的是宋砖，意义本身就不凡。宋代是中国文化的鼎盛时期。"有媒体将此书誉为"书架上的古董"，这是聪明的记者帮我点的题，也给我很多启示。然而，该书成书过程之漫长，从2008年年底至2011年年初，种种困难，真像是搬砖头砸自己的脚，实在是让我这个"砖"家不堪回首。2011年推出的《阳澄笔记》是文化散文合集，书背渔网状设计与书中古鱼笺的运用比较恰当，找到了苏州文化中水文化的特质。适巧台湾《汉声》杂志当时也在关注阳澄湖，受黄永松先生的委托，多次陪杂志编辑到阳澄湖地区采访，恰为此书编辑设计作了案头准备。更有一次，为观察螃蟹的脱壳过程，赴远离湖岸的明澄养殖基地。基地如小岛浮

4

5

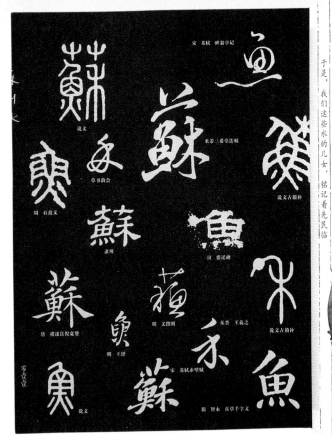

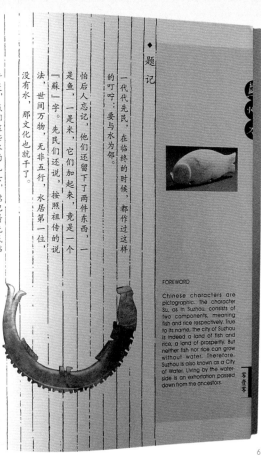

6

周晨作品

4~6《苏州水》
7~9《绝版的周庄》

在水中央，竹木相间的基架日晒雨淋有些地方不甚坚固，采访中我不慎一脚踩断踏入水中，还好有惊无险，与阳澄湖来了一次亲密接触。无奈只好坐着当了一回赤脚大仙，风从湖面掠过，远处的长条的绿色围网连同倒影在水面上微微抖动，美极了，就像是灵动的乐谱，这样的景致在平时真是看不到的。

从最早的《苏州文库》到最新的《阳澄笔记》，我不期而遇

江南文化题材的图书，对于文化精神的认知，对于视觉素材的选择，对于设计手段的把握，不断总结不断累积，试着沿"雅"的方向在走，想要探寻既合乎法度又能充分发挥个性表达的途径，有一点心得，但还没想透。有位作家朋友在一篇文章中，给我总结了"三致"（精致、别致、雅致），实不敢当，却给我理清了思路。精致，我觉得可作为工艺制作的要求；别致，可作为创意程度的指数；雅致，可作为审美尺度的标准。

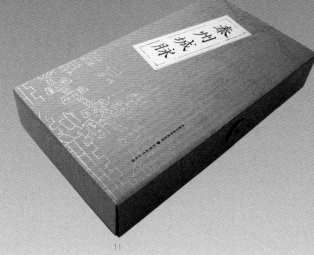

10   11

12

周晨作品

10~16《泰州味脉》

17

18

19

20

22

21

23

周晨作品

17~25《阳澄笔记》

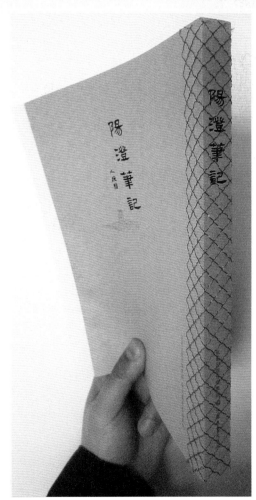

24

25

26 苏州耦园内的藏书楼鲽砚庐，清代两江总督沈秉成喜欢藏砚，曾在京师得到一块汧阳石，剖之发现有鱼形，制为两砚，名曰"鲽"，乃以"鲽砚庐"命名藏书楼

温 故

关注钱近仁，是因为买了一本书，名为《书籍的社会史——中华帝国晚期的书籍与士人文化》（美／周绍明 Joseph P.McDermott 著），书中开篇的引言这样写道："这座幽静的山丘吸引了远近无数的访客，成为高僧、名媛和成功士大夫们的最后居所。在这些尊贵的死者中，有一位名叫钱近仁的修鞋匠，两个多世纪前安眠在西麓山脚下的灌木和草丛之中。"书中所刊"苏州虎丘钱近仁墓"照片，我也很陌生，到虎丘无数次，竟然从未注意此地。这是一个怎样的修鞋匠啊？真是引起了我的兴趣。

钱近仁，清乾隆时人，父母早丧，寄食皮匠家，遂习其业。

从小喜欢读书，为了识字，按字付酬给教他认字的人，而他教邻里小孩认字却从不收费；为了能够得到读书的机会，他免费给书肆和寺庙当佣工；他以鞋匠的微薄收入读书买书，业余读遍经史子集、九流百家，尤致力于《孝经》《论语》，洁身自好，安贫乐道，人称"补履先生"。时人如彭绍升、汪缙、王丙、薛起凤等对他推奖有加，并把晚年贫病交加的钱氏接到自己家里。钱近仁终年 76 岁，死时所居老屋半间竟藏书万卷，虽然多是不入士大夫法眼的残破之书。吴中士大夫们尊他为"处士"，死后将其葬于虎丘，文人们为他立传，事迹被收入《苏州府志》。 书中还写道："这个令人惊讶的识字工匠最后被人称为先生（虽然是'补履先生'），并荣耀地在这座文化气息浓厚的城市，在只属于富人和名人的地方获得一块墓地。而且，他的墓碑由该省的高官按察使撰写，公开地宣示他进入了这座城市的文化精英圈子。"我想，清代的苏州是江苏的省会，这个鞋匠

27 苏州西园戒幢律寺的惜字宝库

的故事从一个侧面反映了当时独特的藏书文化现象。苏州文脉源远流长，藏书之风历代繁衍不衰，有记载的藏书楼大概有两百余座，苏州藏书家名家辈出，他们将收藏、赏鉴、著述、编纂、校勘、出版诸学术文化活动融为一体，引领全国。书香盈邑，苏州人素有耕读传家、崇文重教的优良传统。老一辈的苏州人会对孩子说："大家要敬惜字纸，否则孔夫子要生气的，纸上的字变没了，书就变成一摞白纸，怎么读呢？"早在清康熙年间，苏州就设立了与众不同的惜字局和惜字库，教育人们敬惜字纸，严禁随便丢弃、撕毁写有文字的纸张，或将之擦拭脏物、包装物品。惜字局常常派人穿街走巷捡拾废弃的字纸，然后分类处理：可利用的要回收继续使用，无法利用的投入专门的焚坛择日烧毁。苏州最后一位探花吴荫培就自己出钱，雇人去捡字纸，把无用的全部集中焚烧。这种通常设于墙角的焚坛称为"惜字库"，亦叫做"惜字宝库"。惜字局作为当时拥有一定执法权的权威机构，还对毁损字纸的不良现象立碑严禁。坐落在苏州文庙内的碑刻博物馆，至今还保存着两块惜字碑：一块为清咸丰五年的《苏州府示谕敬惜字纸碑》，另一块为清咸丰八年的《苏州府永禁污蔑字纸碑》。在苏州西园戒幢律寺内，还残存一座惜字库，可谓硕果仅存，也是最好的实证。

这些人与事让我对"字纸"增了一分敬畏之心，对书与爱书之人多了一分尊敬之情。一个人、一个城市、一个民族、一个国家的历史，若没有语言文字的记载和留存，无论有多辉煌，都将在后世的岁月长河中消逝无迹。回眸中国书籍的发展，重温藏书文化的历史，温故而知新，作为出版人，我们身处在书籍制造异常繁荣发达的时代，同时也在见证"字纸"发生的划时代革命，后纸质书时代来临的关键时刻，需要我们做的事还很多。

字在设计中

岳　昕

非常荣幸，受吕敬人老师之邀，在此为大家介绍"字体设计"在本人设计工作中的一些故事。

谈到"字体设计"首先我要告诉大家：

我错了！

毋庸置疑当初我的选择忽略了我自身所具备的条件。

1985年我毕业留校，在教"书籍插图"还是教"字体设计"的选择中误以为"字体设计"相对容易，选择了后者，岂料后果非常严重，这一错误的选择导致我至今仍挣扎在平面设计圈子的边缘。

不知从何时起，周围的人和我自己都认为我是搞字体设计的，因此大家和我对我的设计增加了对"字体"的某种特殊要求。在我的设计中字体设计占了很大的比例。当然平面设计离不开"字体"，慢慢的，我也就接受了这一"特殊要求"，只是我设计中的遗憾部分也大都出在对"字体设计"的"斤斤计较"中。

第一个例子是1997年秋天的一个下午（那时我已经离开学院）《瑞丽》杂志的总监通过朋友介绍找到我所服务的设计公司，急切希望得到一个充满女性魅力、高雅并且经典和

岳　昕

1981年考入中央工艺美术学院（现清华美院）装潢系

1985年本科毕业，同年留校任教

2003年至今任北京元隆国际集团／元隆盛世企业策划有限公司

副总经理兼艺术总监

2008年奥运官方海报设计八人小组成员

清华大学美术学院外聘教授

北京服装学院外聘教授

永恒的刊头字体设计方案。因此，给设计师的时间只有一个下午！公司安排我"上阵"。

一个月后杂志的创刊版在街边报亭摆放出来，看到时，我大惊失色！原来仓促之下，两个字的面貌并没有完全展现设计之初的那种美好感觉！表面的秀美夹杂些许臃肿，过于"合理"、"稳定"的间架结构似乎没有完全展现现代女性特有的飘逸和魅力。最不可饶恕的是笔形走势的相互"冲突"让两个字的"秀美"打了折扣。

一定要改！

之后多次与客户沟通、协调。

但客户有不同的考虑：

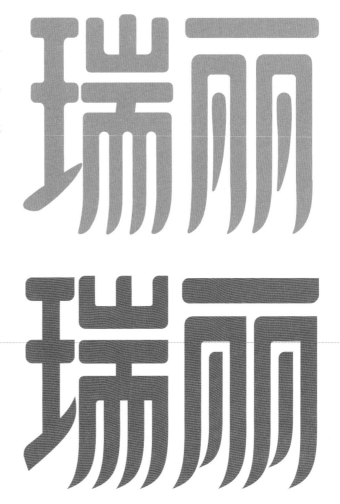

独自完成设计的主要项目：

一、中国移动通信 (CHINA MOBILE) 标志的设计和它的企业整体视觉系统设计，包括营销视觉系统、服务品牌"神州行"的形象设计

二、中国南方航空 (CHINA SOUTHERN) 的整体视觉系统设计（包括对标志的调整、规范）

三、中国首都博物馆 (CAPITAL MUSEUM, CHINA) 标志的设计和博物馆的整体视觉系统设计、展陈设计、导视系统设计等

四、中国国家图书馆 (NATIONAL LIBRARY OF CHINA) 整体视觉系统设计（包括对标志的调整、古籍馆的整体视觉系统设计、导视设计等）

五、中国邮政速递 EMS (CHINA POST-EMS) 整体视觉系统设计

六、第六届亚洲冬季运动会纪念邮票设计

1997

2003

1. 新的《瑞丽》视觉形象一经推出，影响很大，不可轻易更改！

2. 编辑部和读者对《瑞丽》字样没有投诉和不好的感觉。

3. 市场已经逐渐形成，大众已经接受了《瑞丽》的视觉形象。

理由充分，"整改"的想法只好暂时作罢。

时间过去了许久，《瑞丽》项目存在的遗憾让我始终无法释怀，每每想起，倍感惭愧，内心似乎一直在等待着调整它的机会。

已经不记得什么原因了，7 年后终于接到客户的电话：调整《瑞丽》品牌字样的工作可以启动了！

太令人兴奋！

我首先将撇、竖撇、竖钩、点等笔形处理为统一、单纯且具有"弹性"、"张力"的竖撇造型。"瑞"的王字旁的挑笔形与竖撇、竖钩的造型近似，客观上达到协调和一致。其次，经过笔形的归纳、调整在间架结构上也作了适当的修正。笔形改变后"丽"字呈现具有六根竖笔画的"宽扁"字形，笔画较多的"瑞"字反而见窄，立即适量放宽。

新字样的设计结果令我自己十分满意，记得同样用了一个下午的时间就完成了对《瑞丽》的"全面整改"。但我必须承认《瑞丽》的新字样实际是经过了 7 年时间酝酿、积累和沉淀而形成的。绘写"瑞丽"两字时虽然看上去"一挥而就"、"一气呵成"，但这两字的每个细节和整体关系，在我心中已经揣摩了整整 7 年时光。

第二个例子是"首都博物馆"标志的设计。

2003 年 5 月经朋友推荐，我荣幸地承接了设计首都博物馆标志的任务。

经过大量查阅各地博物馆标志资料，发现馆标多以博物馆建筑立面、平面及镇馆之宝为标志设计的主体元素，如：上海博物馆、宁波博物馆、保利博物馆等。而首都博物馆的这两个因素存在一定的局限。它的建筑立面十分简洁、单纯，这一点甚至影响到了它的体量感觉，在没有参照物比较时会认为它仅仅是一座小屋。更令人遗憾的是馆藏珍品和"镇馆之宝"的形状并不是十分明确和具有个性的。经过反复推敲，最终我将设计要素锁定为首都、皇城、民俗、吉祥纹样、展览展示这五个方面。主体要素通过"玉玺"形式中的"首都博物馆"五个字来表现。自由自在的五个字中出现了"回文"、"如意"、"方胜"、"瓦当"等吉祥纹样。为了达到对称、均齐、统一，在参差不齐的字形、笔形、间架结构和相互关系中，大胆尝试了多种处理方法。"首"字的繁体很难辨识，果断采用繁简结合的方式，在字形与笔形的表现上着重强调传统吉祥纹样的主观感受和当下审美趋势的结合。不刻意追求出处和背景，一切为"字"所用。传统纹样轻松愉悦地表现在"似与不似"、"似字非

字"之间。为了在开敞的"玺"中经营这五个汉字，同时也考虑到字的"辨识性"，在具体设计时必须采用对某几个字的笔形"视而不见"，而对另外几个字的笔形"无中生有"即"千树万树，无一笔是树"的浪漫的、写意的处理手法。

过程中所遇到的问题始终在挑战我一贯遵循的"统一"和"简洁"设计原则的底线，加之所遇到的问题都是崭新的，我几次险些败下阵来。

《以色列农业》杂志的整体设计是第三个例子。

为了在中国推广农业技术，以色列大使馆在中国出版了一本不定期的汉字专业杂志《以色列农业》。在整体设计工作中字体设计由我负责。设计之初查阅了一些对我来说完全陌生的希伯来文字和它常用字体的特征和面貌。我希望五个汉字的基本造型、笔形和转折尽量按照希伯来文字和它常用字体风格、笔形来设计。

其中"以"字右下角的点，"色"字的头，"列"字的撇，"农"字的右下方，及"业"字的左右两个点都融入了希伯

以色列农业

来文字的强大基因。横粗竖细的处理也是希伯来字体绘写的明显特征。以至于当使馆的农业参赞拿到方案时，问的第一个问题居然是：中国人看得懂这几个"希伯来"汉字吗？

字存在于平面设计中。

今天在我们的市场还没有从观念上彻底改变对设计的理解和阐释出未来的设计理念，即设计与艺术、设计与审美还不可分隔时，为使设计完整、系统、美观、独特和新颖，我依旧将平面设计中的字体设计工作纳入整个设计系统，尽管字体设计工作对于我来说并不轻松。

以色列农业

AGRICULTURE IN ISRAE

设计方案

中国黑体字源流考

李少波

湖南师大美术学院设计系主任

中央美院设计学博士学位

国家公派丹麦设计学院访问学者

Mervyn Kurlansky 助手

教育部中国文字字体研究与设计中心学术委员

方正字库设计顾问，华文字库设计顾问

应邀在英国 V&A 博物馆高级研讨会、

Pecha kucha night、

韩国书法设计国际研讨会、

Typotomorrow 中文字体设计国际研讨、

全国首届设计学青年论坛等各类专业会议演讲者

引　言

黑体字是现代汉字体系中最重要的字体之一。尤其是随着20世纪末电脑和互联网的普及，黑体字的价值得到了进一步体现，它简洁的笔画特征与屏显介质特性相符，从而成了当今各种屏幕媒介中最有发展前景的字体。但是，关于这款字的专案研究，迄今为止尚付阙如，对黑体字源流问题的忽视使得黑体字设计及其应用变成缺少历史参照的无本之木、无源之水，严重制约着黑体字的发展。本研究旨在通过厘清黑体字发展最初阶段的历史脉络，为当代黑体字的设计与应用提供坚实的基础理论支持。

在一般文献中，"黑体"往往指称的都是活字印刷的黑体。《现代汉语词典》对"黑体"的解释是：排版、印刷上指笔画特别粗，撇捺等不尖的字体（区别于"白体"）。[1] 这个

解释描述了黑体字的两个基本特征：1. 笔画粗；2. 笔画端口方直。但是，随着时代的发展，"笔画粗"已经不再适用于描述黑体字了，因为从20世纪80年代起，细黑体开始大量出现并被应用到正文领域，改变了印刷黑体单一的品种结构，也使得原先的定义变得局限。事实上，印刷黑体字只是黑体字族的一类，另外还有一类是美术黑体字。美术黑体字有着更为简单的技术实现手段，通常是手工绘制后经过简单制版即可上机印刷。美术黑体字字形多样，可以当成印刷黑体字结构上的延伸与变异，有的甚至打破了印刷黑体笔画方直的基本特征，形成了如圆黑体、宋黑体等不同样式，但因其保留着黑体的局部特征，所以仍属黑体字的范畴。为了在一个清晰、全面的框架中探讨黑体字的历史，下文将对这两种黑体字的源起进行分类论述。

1

1 李少波设计作品

2 姜别利 1865 年汉字拼合活字样本（分别选自《木と活字の历史事典》与《中国印刷史》）

2

[1] 中国社会科学院语言研究所词典编辑室：《现代汉语词典》，北京：商务印书馆，2009 年版，第 558 页。

[2] 李益胜：《中国报刊图史》，武汉：湖北人民出版社，2005 年版，第 20 页。

印刷黑体字源流的探讨

有关黑体字源流，多位学者将印刷黑体字的起源直接或间接地归于西文无衬线体的影响。以当时的中西文化交流情况来看，黑体字受西文影响而出现的可能确实存在，尤其是明清活跃的西方传教士在传教过程中引入的现代活字印刷技术，以及 19 世纪末 20 世纪初大量外国报馆的创设所促成的印刷行业迅速发展，无疑大大地推动了印刷字体的演进，也使得中西文字体得以第一次近距离地交会并置于一起。但是，如果仅以相应的环境与背景生成来推论结果无疑太过唐突。实际上，当时的背景下西文字体可以形成影响的渠道并不畅通。

以传教士的活动来看，他们是近代汉字印刷技术革新的领域最为活跃的一股力量，他们直接参与到汉字活字的创制过程中，希望改进活字工艺以方便福音书的印刷，这种努力客观上推进了晚清印刷字体的技术发展。但是，传教士创制汉字活字的主要目的是为了获得快捷优质的印刷品，对他们来说，字体印刷技术水平的提高是第一位的。而要将无衬线体的风格移植到汉字当中，要解决的不仅仅是笔画的特征问题，同时还需要处理笔画改变后所带来的结构问题，这些繁复细致的工作对于本土的专业人员而言尚有难度，对于西方传教士来讲则更加难以驾驭。从现有史料来看，无论是马礼逊还是姜别利，他们创制活字形所使用的都是本土流通广泛、美学形式已然成熟的宋体 [图 2]。因此，基本可以推断西方传教士与印刷黑体字的创制没有关系。但是，应该肯定的是传教士们从技术层面上改造和推进了汉字铅字工艺，为印刷黑体字的产生作了技术上的准备。

設計，
非藝術、非技術、
也非粉飾品
與迷幻劑、
更非拜物狂
與被馴化的
商業工具。——李少波

3

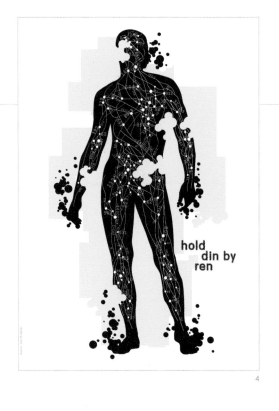

hold
din by
ren

4

从媒介渠道来看，19 世纪末，外国人在中国先后创办的报刊数量达到 120 家以上，20 世纪初又增加了数十家，[2] 这些报刊有的本身就是英文报，有的则部分使用英文，借助这些媒介，当时在西方已经较为普及的无衬线体也几乎同步出现在了中国。这也是汪乃昌、罗树宝与曹振英三位先生主张的印刷黑体字源于西文无衬线体的观点的重要依据。[3] 但是，以上三人都认为印刷黑体字出现时间是在 20 世纪三四十年代，与《黑体字研究》一文中通过实证确立的 1910 年相左。另外，无衬线体因其笔端方直被认为是印刷黑体字形的来源，但是，类似特征在中国书法及民间用字中早已存在，如：汉代碑刻、篆刻字体及某些装饰字体的笔端都有方直的形态。这些字体的使用从古至今未曾间断，无疑比西文无衬线体更接近于黑体。因此，认为中国印刷黑体的创制受西文影响的观点在逻辑上颇为牵强。就已掌握的材料来分析，可以确认的是无衬线体的出现给

中国的字体创制者带来了一些新的启示，但其对于中国印刷黑体字的影响力度较小，影响的方式也较间接。

中国印刷黑体字源自日本哥特字体是学界存在的另一观点，这也是获得较多认同的一种观点。在 1981 年出版的《中国印刷年鉴》中有这样的记载：

从 1869 年姜别利在日本向本木昌造传授电镀法生产汉字铜模之后，中日两国在近一百年的时间里，相互交流铜模和铅字，日本向中国出口明朝体和黑体，中国向日本出口楷书体（日本叫"清朝体"）和仿宋体，当然两国也自造进口的字种。20 世纪 50 年代的前期，《人民日报》用的宋体铅字铜模，仍然是中国印刷物资公司通过渠道进口日本的。直到中日两国分别实行了各自的简化字方案，才结束了多年来两国共用同一铅字字体的局面。[4]

5

3.4 李少波设计作品

5 1908 年神田印刷所（东京）印刷的《中国经济全书》中使用的不同
字号的黑体字

[3] 汪乃昌：《中外字体之检讨》，见《艺文印刷月刊》1937—1940 年影印本，上海市新四军历史研究会印刷印钞组，第一卷第十二期。罗树宝：《20 世纪后半期的印刷字体》，见《印刷杂志》，2004 年 7 月。曹振英、丘综编著：《实用印刷字体手册》，北京：印刷工业出版社，1994 年版，第 32 页。

[4] 中国印刷物资公司：《我国印刷字设计和字模生产》，见《中国印刷年鉴·1981》。

[5][日] 沢本郁马、键としての高翰卿：《本馆创业史》，见《清末小说》，1992 年，第 15 号。

这段文献佐证了一个史实即：中国曾经进口过日本的哥特体铅字，并以此自创了黑体字。日本哥特字体以两种最为著名：一为筑地式，即筑地活版制造所所制；一为秀英式，即秀英舍所制。哥特体最早出现的时间是明治十七年（1885 年），比商务印书馆黑体字出现的时间（1910 年）早了二十多年。1908 年，神田印刷所在东京印刷的《中国经济全书》在我国内发行，中间就有使用到哥特字［图 5］。由此可见，在商务创制黑体字之前，日本的哥特字就已经在中国出现了。那么，商务最早的这款印刷黑体字是否有受到日本哥特体的影响呢？这个问题可以先从商务印书馆与日本之间的紧密联系来分析。商务印书馆创办后不久所收购的修文书馆正是东京筑地活版制造所在上海的分支机构，其主要职能是承接中国的印刷业务，同时销售筑地活版制造所的活字及其他的材料。[5] 据文献记载，修文印书

6

6 商务 1909—1919 年黑体活字字样（上排）与筑地明治三十六年（1903 年）哥特体字样比较

7 1903 年秀英舍推出了粗哥特体活字样本（自 Vignette，2003 年 11 期）

8 1933—1936 年商务印书馆发行的《东方杂志》中黑体活字字样

馆一度成为上海最大的印刷所，能印中、西、日文书籍，凡大小印机、铜模、铅字切刀、材料，莫不完备。[6] 故商务印书馆收购修文印书馆实际上是接受其完善的印刷机械设备和技术。商务印书馆与日本的第二次接触是在 1903 年，日本著名印刷公司金港堂的原亮三郎想在中国拓展事业，委托在上海三井商行的山本条太郎在上海考察投资。后经人介绍，最终由金港堂出资 10 万与商务印书馆合股。[7] 合股后，商务印书馆的技术也获得了提升，据当时商务员工高翰卿先生回忆：自与日人合股后，于印刷技术方面，确得到不少的帮助，关于照相落石，图版雕刻——铜版雕刻，黄杨木雕刻等——五色彩印，日本都有技师派来传授。从此凡以前本馆所没有的，现在都有了。[8]

在合资的这段时间中，商务印书馆除了多次从日本聘请印刷专家到中国传授技艺外，也派人到日本学习印刷技术。[9]

商务印书馆的领导者夏瑞芳、鲍咸恩、鲍咸昌、张元济等人对印刷工艺技术更是倍加关注，甚至多次亲赴日本考察及购买设备。[10]

综合来看，商务印书馆与日本印刷界的交流，无论是从技术还是从设备上来看都是频繁的，尤其与哥特体的重要厂家东京筑地活版制造所之间的关联更是直接。虽然，无从得知从修文印书馆接收的铜模中是否有哥特体，但是，如此频繁而紧密的交往关系使商务印书馆的印刷黑体字受到过日本哥特体影响的推测变得确实。在此基础上，为进一步分析两者之间关系的紧密程度，笔者从商务出版的书刊中提取了部分印刷黑体活字字样，并将其与筑地明治三十六年（1903 年）的哥特体字样进行比对 [图 6]，发现两款字之间存在较为明显的差异。这种差异首先体现在单字外形上，比如"第"字，商务版在外形

發元價
各版紙
範師科
半教界
全四五
每月預
史俠記
始隱開

8

休伯伴但位低住佐体
交亦京人仁今仔仕他
下中九丹主久之乗

7

［6］高翰卿：《本馆创业史》，见《商务印书馆九十五年》，北京：商务印书馆，1992年版，第4页。

［7］唐炯：《印有模与商务印书馆》，见《商务印书馆九十五年》，北京：商务印书馆，1992年版，第595页。

［8］高翰卿：《本馆创业史》，见《商务印书馆九十五年》，北京：商务印书馆，1992年版，第4页。

［9］张树栋、庞多益、郑如斯等著：《中华印刷通史》，台北：财团法人印刷传播兴才文教基金会，2004年版，第554页图表。

［10］张志强：《商务印书馆与现代印刷技术》，见《东方文化周刊》，1997年，第18期。

上较方正，筑地版则偏长。差异性也反映在字体的笔形特征上，如：商务的"公"字笔形相对平稳，粗细变化也较小，而筑地的"公"字笔形起伏较大，呈现出宋体字的一些痕迹。此外，两款字在重心上也有所不同，比较两款字中的"上"与"大"，不难发现商务字的横画比筑地字的横画要低很多。商务印刷黑体字与1903年日本秀英舍的哥特体字样之间同样也存在着不同之处，如：商务版的字样重心偏低，而秀英舍的重心则偏高；另外，商务印刷黑体中"撇画"与"捺画"的结束部分处理得非常规整，如"公"、"版"等字，而秀英舍的字样中类似笔画的"燕尾"痕迹则较为明显［图7］。上述差异都说明商务印书馆的黑字与哥特体之间虽有关联但这种关联并不直接。因此，日本哥特体对商务印书馆黑体字的影响是有限的，准确地说，这种影响是启发和参考，而非直接复制。

以往历史文献中，学者们往往把中国黑体字的创制直接归于外来文化因素的影响。笔者不禁萌发思考：在这文字艺术历史悠久、根基深厚的国度中，中国黑体字的源起难道没有任何内因的介入吗？一套字体的创制需要的不仅是笔形特征上的设计，同时还要考虑笔画之间的组合结构问题，这两点中又以后者最为艰难。按照字体设计的一般规律，通常都会选择一些特征上较为接近的字形作为参考。这一点可以通过字样分析来证明。上图是一组取自商务印书馆《东方杂志》的印刷黑体字样［图8］，可以发现其中"每"、"月"、"师"等带有钩画的字中均具有特征十分明显的"角状"钩画。这一笔形既不同于汉碑字形，也不同于现代印刷黑体，倒是与宋体字的钩笔特征十分接近，可以看成是黑体字在自身风格的基础上对宋体钩画的借鉴和调整。宋体字经过几个世纪的发展，在笔画特征以及框架结构上都达到了较为完美的程度。在所有字形中，宋体字的

9

10

框架结构也与印刷黑体最为接近，所以，以它作为印刷黑体字的参照无疑是符合逻辑的。早期印刷黑体活字所具有的较为成熟的笔画结构也侧面印证了这一观点。正如启功先生所言："一种字体不会是一个朝代突然能创造的……它们必然有前代的基础，至多是有所加工整理罢了。"[11]

美术黑体字的源流分析

一个新事物的产生总是受到内在与外在两方面因素的影响，中国美术黑体字的形成同样如此。《黑体字研究》一文提及的我国最早的美术黑体字"燧昌"字样即是最典型的例证。"燧昌"二字保留了传统装饰字体的一些痕迹，其源自传统篆书的笔形结构，与民间瓷器、木器上常用的双"喜"字样以及"寿"字样如出一辙［图 9］。但是，这种传统的篆书笔意在黑体美术字后来的发展中逐渐减少，呈现出一种

简化的趋势［图 10］。在设计手法上，"燧昌"二字更多地体现出了外来文化的影响，其简单统一的笔画中使用了斜向的短线进行装饰，这种装饰元素在以往的装饰字体中是没有的，是一种有着西方文化特征的机械的、理性的表现手法。

事实上，清末民国期间大量出现的美术黑体与传统装饰文字之间的区别是明显的。美术黑体几何的笔形、机械的直线、透视的空间和模拟光照而形成的立体投影，这些细节处处流露出强烈的现代趣味与西方文明的痕迹；而传统装饰文字则多以书法为审美参照，多表现自然物象。那么从装饰元素来看，美术黑体多用三角形、方形、圆形等抽象形，或维多利亚风格和新艺术风格的相对抽象的植物元素；而装饰文字中使用的各种自然形则少有抽象化的处理［图 11］。从应用媒介来看，装饰文字主要出现在建筑、家

11

9 清朝嘉庆年间的古花窗雕与民国期间小桌子的挡板

10 1910年《新闻报》刊登的"美面转盖寿膠"广告黑体美术字字样

11 我国民间的装饰性字体（自《意匠文字——龙卷》）

[11] 启功：《古代字体论稿》，北京：文物出版社，1999年版，第25页

[12] 张泽贤：《书之五叶——民国版本知见录》，上海：上海远东出版社，2005年版，第28页

具、门窗、对联及生活用品之中，与主要使用于平面印刷媒介上的美术字也存在实现方法上的差异。对比现代的美术字与传统的装饰文字就像对比中国画与西洋画，一个朴素，一个科学；一个感性，一个理性；一个源出农业社会，一个酝酿于工业文明之中。

权衡两种影响因素，笔者认为美术黑体字的形式风格更多源自外来文化，是受到西方以及日本的美术字体影响而发展起来的。首先，汉字美术字的源起可以追溯到西方字体迅猛发展的19世纪。工业革命后，资本主义经济在欧美大陆的蓬勃发展引发商业领域的激烈竞争，海报设计中越来越多地使用醒目的大号字以凸显文字内容。传统的木刻技术与19世纪中叶开始在欧美大陆普及的石版印刷技术因而被广泛地应用于美术字体设计领域以替代笨重且制作技术复杂的金属活字，从而大大拓展了设计者的自由空间，涌

现出丰富多样的设计风格。这些新的字体风格被广泛使用于商业领域，并于19世纪末20世纪初通过商业贸易等渠道直接或间接经由日本传到我国。除了商业渠道，民国期间的文化交流也为西方字体在中国的影响奠定了基础，据不完全统计，仅1918—1923年的5年间，就有三十多个国家的一百七十多位作家的文学作品被先后翻译、介绍到中国。西方文艺的译介不仅给闭塞的中国文坛吹进了新鲜的现代气息，也将这些国家的设计引入进来。关于西方设计艺术对当时中国的影响，钱君匋先生回忆："我在30年代也曾经积极吸收西方美术的风格，用立体主义手法画成《夜曲》的书面，用未来派手法画成《济南惨案》的书面。设计过用报纸剪贴了随后加上各种形象，富于'达达艺术'意味的书面，如《欧洲大战与文学》。"[12]

日本美术字是影响中国黑体美术字形成的另外一个重要外

12 1928年《东京朝日新闻》银座广告20年代末期已经是日本美术字发展的黄金时期，
字体造型与技法都比较成熟（自《idea》，2007年5月）
13~16 李少波设计作品

因。日本的美术字也称为"装饰文字"、"描绘文字"、"图形文字"、"意匠文字"，主要是指出现在商业领域中的富于装饰趣味的手绘字体。本文为求概念的一致在行文中统一使用"美术字"的名字。得益于明治维新之后出版业的飞速发展，日本美术字萌芽于19世纪末到20世纪的前20年，是日本传统文字艺术与西方文字表现形式及彼时勃兴的各类现代艺术风格交会影响下的产物。[13]从20世纪20年代开始，日本美术字进入到发展的黄金时期，这个时期的字体无论是形态还是结构都呈现较成熟的面貌，形式丰富，自成体系［图12］。

日本美术字对中国的影响主要是通过广告来实现的。在中国早期的报刊中，使用黑体字最多的广告基本上以日本商品为主，常见的商品有"花颜水化妆品"、"今治水"、"仁丹"，等等。这些新颖的字形很快就引起中国商家的关注，

并被仿效［图20、图21］。另外，大量的译介也成为日本美术字传入中国的渠道，在1896—1911年期间，中国翻译的日文书就达到958种之多。民国时期的封面设计师叶灵凤先生提到："我们新文艺出版物的装帧风格，从我自己所经历的那个年代开始，就受到日本装帧风格的影响，一直到现在还不曾摆脱。"[14]钱君匋先生也曾说："我最初学习图案，试做封面时，所有的参考书都是日本的，因而就受了日本的影响。"除此之外，清末开始的留学潮也是日本文化在中国传播的重要渠道。甲午海战中国战败，日本成为中国留学生首选的留学国家，至1905年，到日本留学的人数已达8000人。[15]以陈之佛、倪怡德、关良为代表的留日学人在学成归国之后成为活跃于文化艺术各个领域的先锋人物。因此，确切地说，正是19世纪末20世纪初中西、中日文化频繁交流与沟通的大背景促成了中国美术黑体字的形成。

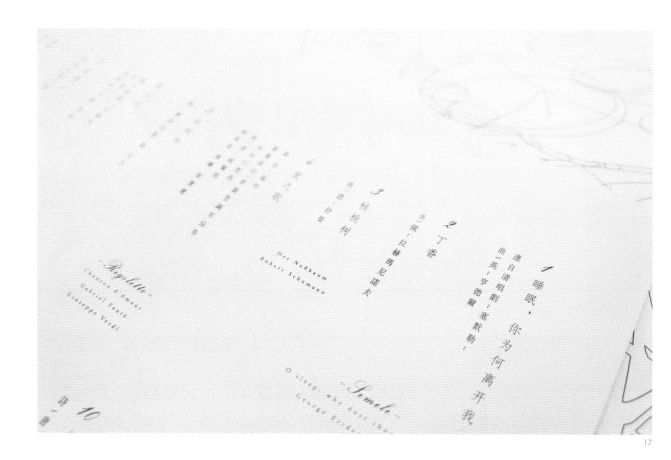

17

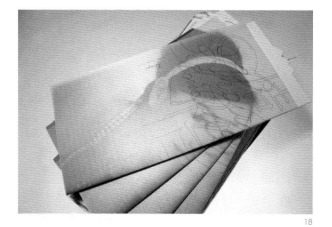

18

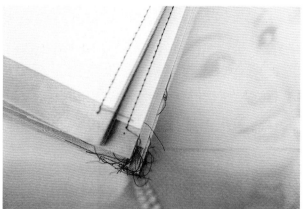

19

20　　　　　　　　　　　　　　　　　　　　21

17~19 李少波设计作品：音乐会节目单内页及外页

20 日本"仁丹"广告（局部）（自 1913 年《东方杂志》第九卷，第八期）

21 中国"人丹"广告（局部）。这是在日本"仁丹"之后由中国自创的品牌，品牌字体
设计明显受到"仁丹"的影响

[13]［日］平野甲贺、川畑直道：《描き
文字考 第 2 回 》，见 idea，2006 年 7 月，
No.317。

[14] 叶灵凤：《从郭沫若的〈百花齐放〉装
帧谈起》，见《书衣朝翩》，北京：生活·读
书·新知三联书店，2006 年版，第 66 页。

[15] 王春南：《清末留日高潮与出版近代
化》，见《南京大学学报》，1992 年，第 1 期。

回溯历史，黑体字产生于中日甲午海战刚刚结束的大时代背景之下，当时整个中华民族深刻自省，虚心向日本及西方列强学习，以图自强，中外之间的技术与文化交流日益频繁。在这个特定历史维度中，黑体字无疑可以看做是近代中国由封闭走向开放自新的一个缩影。

具体来说，印刷黑体字的产生首先得益于 19 世纪传入的西方近现代活字技术，新技术在西方传教士以及中国人自己的不断改良中逐渐融入汉字体系，在取代传统雕版印刷技术成为主流印刷技术的同时也将机器美学的特征带入到字体当中，为汉字的字体设计创新作了充分的准备。其次，从形式上来看，印刷黑体字的产生主要受西文无衬线体与日本哥特体的影响，其中尤以日本哥特体的影响最为重要。除了异质文化的影响，黑体字的产生也受到传统字体美学的制约，具体而言是受到宋体字的影响。这些隐藏在黑体笔画之间的微小特质却精妙地传递出传统美感，让我们感受到传统字体美学的巨大力量。此外，个人因素的积极作用也不可忽视，正是因为设计者的智慧与技巧才使得印刷黑体字从一开始就具备了区别于日本字的"中国"特性。

而就美术黑体字而言，虽然同属黑体字族，但不同的技术背景及使用目的使其具有不同于印刷黑体字的形式特征与文化。虽然在形态上仍保留了一些传统字体的痕迹（如：篆书和古代碑刻隶书），但是美术黑体字的真正发展与繁荣则更多是借助了外来尤其是日本美术字文化的力量，从 20 世纪 20 年代开始，各种外来的艺术形式与潮流通过不同渠道传入中国，最终成为中国美术黑体字蓬勃发展的巨大动力。

浅谈概念设计
在书籍设计中的运用

张　明

副编审

广西师范大学出版社广大迅风艺术有限责任公司

总经理兼艺术总监

广西师范大学出版社艺术出版分社社长

中国出版工作者协会书籍装帧艺术委员会常务委员

广西出版工作者协会装帧艺术委员会委员

主要奖项

2004 年中国大学书籍装帧艺术展十佳最美图书奖

2004 年第六届全国书籍装帧艺术展铜奖

2004 年第六届全国书籍装帧艺术展论文铜奖

2006 年中国大学书籍装帧艺术展金奖

2006 年度"中国最美的书"

2008 年中国大学书籍装帧艺术展十佳最美图书奖、金奖

2008 年首届中国出版政府奖装帧设计奖

2009 年第七届全国书籍设计艺术展最佳作品奖

当下，概念设计作为最具影响力的设计方法之一，几乎进入到所有设计的领域。在建筑设计、室内设计、工业设计、VI 设计、时装设计等设计领域中，这种方法被普遍采用，并获得了很大的成功，但在书籍设计领域却鲜有提及。实际上，书籍设计也是完全可以采用这样的设计理念、使用这种设计方法的。运用这种方法进行设计，可以培养设计的逻辑思维方式，进而快速找到设计思路，提供各种有效的创意方法和灵感来源，从而提升自身的创造性思维和书籍的艺术品位。

一、设计概念和概念设计

我们知道，概念设计是一个从分析用户需求到生成产品的一系列有序的、有组织的、有目标的设计活动。用户提出需求后，设计师据这些需求进行广泛的调研，继而提出多种方案，并从中筛选提炼，抽取其中关键性的概念元素进行设计创作，逐步生成一件完整的设计产品。从思维角度讲，概念设计是一个由粗略到精细、由模糊到清晰、由抽象到具体的不断认识的过程。而从设计方法说，概念设计是利用设计概念进行设计，并将这种概念贯穿设计始终的设计方法。

毫无疑问，设计概念是设计活动的核心，也是设计过程的主线。设计概念是设计者对设计对象产生的各种感性思维进行分析、归纳、提炼出来的思维总结。概念设计的过程便是挖掘、筛选、确立设计概念的过程。设计者从设计前

张明作品

1《荷兰现代诗选》
2《荷兰现代诗选》局部

期的调查研究与策划，分析客户的意图、市场的需求，产生一系列设计创意，经过提炼，选出最恰当、最准确的设计概念，并不断地进行完善和修正，直至最终创作出优秀的作品。有人把概念设计比喻为写文章，设计概念便是主题思想，作者在文章中是依据和围绕主题思想谋篇布局，阐发观点，逐段论说，讲明道理，得出结论，而设计是依据和围绕设计概念而展开和进行并创作出完美的作品。可见设计概念在设计中具有十分重要的作用。

二、设计概念对于书籍设计的重要意义

古往今来的人常赋予书籍至高无上的地位，将其称为人类知识的物质载体——承载着人类文明演进的漫漫足迹，在记录历史、传播文化等方面功不可没。而书籍设计是对书籍内容的规划，也在无形中实现了内容的延伸和补充。在这一过程中，设计师主要通过恰当合理的艺术表现形式，在装帧设计、编排设计、编辑设计三个方面来传递书籍的内容，力求实现外在与内在、形态与神态的完美统一。

为达到这一目标，设计师不仅要考虑到客户的需求，也要对书籍的内容、写作风格、思想倾向有所了解，形成一套有关此书的整体认识。在对书籍充分感知的基础上，运用设计师自身独特的艺术眼光，结合丰富的设计经验，以寻

3

4

5

张明作品

找并创造出与众不同，又与本书籍内容相吻合的创意理念，即设计概念。

设计概念在概念设计中有着十分重要的地位，在书籍设计中也是如此。核心的设计概念，不仅引导、支持整个设计，也掌控着本次设计的总体艺术风格。设计师可以通过各种设计手法，进一步形成自己的独特风格和定位，使自己设计的图书在同类书籍中脱颖而出，进而提升作品的艺术价值和商业价值。

作品的每一部分都是图书设计概念的表达，各个部分之间又都有内在关联，最终形成一个联系紧密的整体。如果说设计概念是一棵大树的树干，那么装帧形态、编排设计、编辑设计就是大树的枝叶，在树干上延伸并发展。缺少了概念的设计，书籍的设计必然流于空洞、松散与俗套，就如同脱离了枝干的树叶一样，随风飘散一地，看似花样繁多，但生命力荡然无存。因此，对设计概念的挖掘，是书籍设计过程中非常重要的一步。

三、书籍设计中如何运用概念设计

概念设计的关键，在于概念的提出与运用两个方面，它包括客户需求分析、市场调研、概念定位与提出、概念带入与运用等诸多步骤。

下面以《火车印象》一书为例，谈谈在实际操作中，设计概念如何一步步转化为书籍中的设计元素，即概念设计的整体流程。

《火车印象》是一本关于火车记忆的散文集，此书以对火车的记忆和情感为主线，记录了一位铁路新闻工作者心中的"火车印象"。

第一步：设计概念的提出

1. 调查分析该书的市场需求，进行读者定位，是提出设计概念的基础工作之一。设计也是为读者服务的，只有了解读者的需求，才能抓住读者的心。

考虑到该书的写作主线为火车，内容是与火车有关的知识、景象、记忆、情感等，因此初步估计读者对象应当是与火车有着密切的联系，对火车有着特殊的情感，同时又能欣赏散文的人。而能欣赏散文的人，其文化水平肯定不低，对审美品位也会有所要求。综合本书的内容与对读者审美偏好的预测，本书在设计风格上趋向于高雅和精致，同时富于情趣。

8

张明作品

8《琼州百景》
9《火车印象》

9

2. 相关的市场调查也是非常必要的。我们发现，大部分的同类型图书设计表现手法，以突出强调火车照片为主。同时，我们也整理出图书内文中一些有代表性的图片资料，进行细致的分析和研究。知己知彼，方能百战百胜，对现有市场的调查不仅能进一步活跃和调整设计师的思维，还可以使设计师在设计中少走弯路。同时，对既有资料的分析有助于设计师从中发现和提炼新的创意，进而丰富自己的设计元素。

3. 所有的前期工作，都是为设计概念的定位及提出服务的。可以说，设计概念也就等同于设计主旨，它可以是一件具象的物品，也可以是一种抽象的概念，关键在于它能准确反映书籍的内容和风格。在寻找概念的思考过程中，任何有所闪现的想法都要捕捉并记录下来，再以此延伸，从而获得灵感。我们还可以运用联想、组合、移植和归纳等思维方式来确立设计概念。

继续以《火车印象》一书为例，在进行了前面的几点深入分析后，我们产生了若干个构思和想法。在综合考虑之后，我们决定从火车的"印象"出发，并引申、提炼出设计概念。

火车给人的印象是什么？这恐怕是个见仁见智的问题：坐惯了马车、驴车的老一辈人，可能会对火车的轰鸣、滚滚车轮以及速度印象深刻；小孩子眼里的火车，可能仅仅是一个会在弯曲的轨道上跑动的玩具而已，而且这玩具体形超长；而对于当下的年轻人来说，则多半意味着梦想、远方、漂泊，还有拥挤……我们显然不能将所有的"印象"都应用到设计中，而只能凭借自己的眼光和观察力选取其中最具代表性的元素。作为西方工业文明的产物，火车这个"外来户"不仅意味着工业化，还代表着速度与线条美——运动着的火车拉成一条"线"，在轨道上呼啸而过；细长、锃亮的轨道向远方绵延着，没有它们，有关火车的一切都是空谈……这些思维都来源于我们的感性思维，我们将这些想法分类，找出其中的关联并定位，最终形成该书以"铁轨"、"红色"为中心的设计概念，并使归结出的设计概念具有相对性、独特性和唯一性，也就保证了我们设计的作品具有创新和独特的意义。

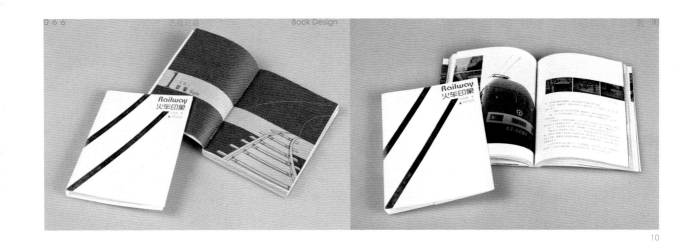

第二步：设计概念的带入和运用

设计概念的运用，是一个将设计概念理性地带入设计的过程，即概念的视觉化和形象化过程。它包括了对设计概念的演绎、推理、发散等思维过程，从而将概念有效地呈现在设计方案之上。如果说概念的得出是设计者感性思维的成果，那么概念的运用则需要设计师理性地将概念运用到书籍设计中的每一个细节，并通过不断的尝试，反复修改、完善，直至获得最佳的视觉效果。

在《火车印象》一书的设计中，我们主要从以下几方面把设计概念植入到设计中。

1. 书籍的视觉形式。在该书的设计中，我们对铁轨进行概念的抽象化处理，即获得简洁的线条，然后将这种类型的线条作为一种设计元素，应用到书中的各部分。

双排直线的应用，首先体现在书籍的护封和前环衬上。护封上除了书名、著者、出版社等基本内容外，只有两条由右下部伸出的烫银粗线装饰，没有过多的点缀。这两条简单的直线，便是抽象化的铁轨，似乎由远方延伸而来，又默默地伸向另一个远方。以艺术化的语言阐释了"火车印象"。

多排直线，是双排直线的衍生体，也是铁轨上枕木的抽象形式。它在内封、目录和辑封中都有所体现。在目录的设计中，我们采用较粗的线条分割两部分内容，又以细线填充整面。而在每章辑封的设计上，则采用了多排直线与火车线描图相结合的形式。

本书的内文也分为两部分：一部分为红色字体，皆为笔记式的短小文字；一部分为散文随笔，也是本书的主体部分。在内文设计中，我们将整个版面分成上下两部分，就像两条铁轨，图片贯穿上下，好似一列列火车穿梭而过，同时也起到连接上下两部分文字的作用。

通过对这些象征着铁轨概念的各种线条的安排与运用，本书的设计实现了抽象与具体、直线与曲线、静与动的对立统一。

2. 色彩的选择。在整体设计中，我们采用暗红色为主色调。虽然我们印象最深的火车，可能是绿皮火车，但是谁也不能否认红色在火车中的地位。红色有时候意味着热情、张扬和前进，有时候又代表着警告、危险与紧急，这与火车的脾性不谋而合——那些红色的火车头，还有涂着红漆的轮子，正是激情与前进的标准；而红色的排障器与警示语，又暗含着危险与警告。可以说，红色是火车的最佳诠释，正如作者所言："就像红色之于法拉利，火车的标志色，也许真应该是红色的。"

统一的红色调从封面到目录，一路挥洒到辑封，某些页面也作了淡红色处理。为了区分更为鲜明，我们将正文中类

张明作品

10~12《火车印象》内文版式设计

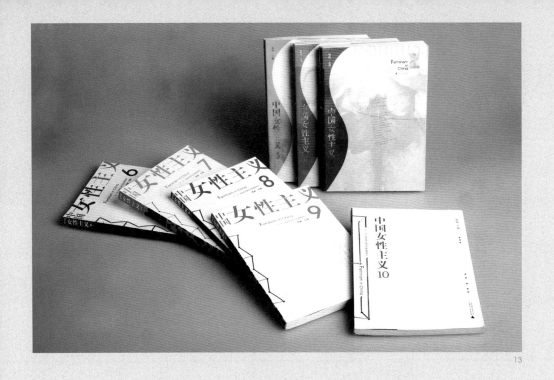

似笔记的那部分短文施以暗红色字体，或在暗红色背景上作白色字体。由于书中插图，也均为与火车相关的图片，有些还含有红色的零部件，因此在图片的排版与呈现上，我们也注重红色的运用，将主色调为红色的图片与其他色调图片穿插运用，以实现整体色调和谐饱满。

色彩调子往往决定了一本书的整体气氛，甚至传达了书籍本身的一种精神状态，自然也成为表达设计概念的重要组成部分。

3. 书籍材料和工艺。该书的内文选择米色、手感稍粗的纯质纸，以传递怀旧的情调。封面选择白色的石纹纸，抚摸之余，仿佛触到了铁轨下面坚硬的石头。烫银工艺则体现厚重的金属感，反映出铁轨的材料与质感。

材料的选择，并不是随意的，而是由这种材料能否准确有效地表达设计概念决定的。因此，不同的设计概念决定了不同的表达方式，即采用不同的质材。

综合来说，这本书的设计元素，无论是线条，还是色彩，均来自与火车有关的客观物件，即"铁轨"、"红色"的抽象"化身"。这些经过抽象处理的火车元素，来自于对具体

形象的归纳、分析和演绎，也是对书籍内容的艺术化、抽象化呈现。经过抽象化的线条，在外形上与具体的火车物件有一定的距离，一如我们脑中那些貌似清晰却又讲不清的"印象"——明明是它，却又不是它，这不正是我们对火车的"印象"吗！所有这些元素加起来，也就成了一本抽象的火车书，从里到外讲述着有关火车的故事。

四、结语

综上所述，设计概念在概念设计中有着十分重要的地位和作用。在书籍设计中也是如此，它是一条主线，贯穿作品的始终，引导着设计的全过程。作品的每一部分都是图书设计概念的表达，各个部分之间又都有内在关联，最终形成一个联系紧密的整体。

在书籍设计领域内，概念设计相对来说是一个比较新的研究课题，还需要我们进行更多、更深刻和更全面的实践和探讨。随着时代的进步、社会的发展、文化产业的繁荣，相信我们在这方面会有进一步的感悟和认识，也一定会出现更多的践行者和更新的研究成果。

14

张明作品

13《中国女性主义》

14~16 教材设计

15

16

杂志设计的无序之序

孙 初

孙初   设计师 / 水墨画家
        1985—1997 年先后研读于山东工艺美院、清华美术学院、北京画院
        现任《VISION 青年视觉》杂志 设计总监

主要个展   2008 年《尚·古——孙初水墨画展》北京 798
           2009 年《尚·古——孙初实验水墨展》北京 798
           2010 年《尚·古——孙初水墨画 & 海报设计展》北航艺术馆 北京
           2011 年《孙初实验水墨展》Dock sud,La Coursive 空间 法国

经常目睹一些出版物还没来得及拆掉塑封，就遭到被丢弃成为废品的厄运，这不只造成资源和信息的大量浪费，更是对从事编辑工作的设计师和作者们的极不尊重，为之惋惜之余也引发了我的一些思考，如何让一本杂志被乐于阅读，不只读之有用，还要读之有趣，并在阅读使命完结之后，还有被保留的价值，甚至被收藏……

解决方案只有一个，就是"设计"。

怎样才是杂志的设计？我接触过很多出版人、主编，他们认为杂志设计就是版面设计，纯属设计师的工作，似乎与内容无关，这就是国内杂志整体水平差的原因。主编只懂得在落版单上划分栏目和广告位置，却没有从视觉层面对内容的节奏、韵律、黑白灰关系进行整合分析和规划，更不要说对开本形态、纸张选择、工艺运用、杂志品牌形象渗入的全盘考量了。总是抱怨永远招不到好设计师、甚至说拿国外杂志让设计师抄都抄不好……

的确，版面的控制与设计师的能力有直接关系，但不是面貌呈现的全部，如果不弄明白"怎样是杂志的设计"，再多这种抱怨也只能是抱怨，不会解决根本性问题。我给他们

打了个比喻："做杂志很像厨师做菜品，你希望厨师做一桌海鲜大餐，却只提供他一堆土豆，再高级的厨师也只做出有海鲜味的土豆，但它还是土豆……"

究竟怎样才是杂志的设计？

2003 年，我带着这个问题加入了《VISION 青年视觉》团队，9 年的设计历程，积累了一些心得，就视觉设计部分在此与大家分享：

杂志是一分为二的设计：

1. 整体内容结构的编排设计——杂志的内在美（选题、文本结构、风格、栏目结构、图片风格的预期设定等。这些是杂志提前进行概念思维的过程）。

2. 视觉设计——杂志的外在美（封面、内页、字体、图形等——是将虚拟的电子图文信息落实在可触摸的物质形态上的过程）。

我一直认为，任何设计的至高境界是"无序之序"。正如万花筒对我的启示，纷杂无序的碎片，通过三棱镜固定角

度的折射，产生奇妙魔幻的多变图形，有序生无序、无序生有序，虚实相生，无穷无尽。一个好的城市规划也是如此，巴黎纵横交错、无序杂乱的街道让人迷醉，充满惊喜和乐趣，只有鸟瞰巴黎时，才发现有序的城市骨架（参见附图1的黄色和白色部分），看似无序的小街道依附着骨架合理而自然地发散，既符合人居，又满足城市的各功能需求。现代建筑师赫尔佐格、德梅隆设计的中国国家体育场，同样运用了无序之序的设计理念，外形如鸟巢般随意无序，但从建筑结构图中可见主体结构的主件相互支撑，形成有序的网格状的构架，有序的结构巧妙地隐藏于无序而有机的感性呈现之中。

《VISION青年视觉》从创刊至今在版式设计上作过诸多可能性尝试，首先在我们内部把"排版"这个词抹掉，换成"版面设计"。在我看来，"排版"是机械操作的过程，而"设计"才是充满激情的创作过程，两个词差之毫厘却谬之千里。在内部交流的时候，我总说请把版面上的那些文、图符号想象成爵士乐的音符，让它们动起来吧……让设计的过程具有爵士乐般的即兴感和偶然性。这样做的目的不只是让设计变得好玩、有趣，同时也具有实验性和挑战性，因为设计还要兼具功能。

杂志是多种信息的混合传播，为了锻炼设计师对不同版面情绪的控制能力，我建议删掉网格，只建立简单的边栏线，经过一段时间的强制训练之后，被解构了的版面灵动却不乏精致，因为还有理性的网格是藏在设计师心里的。这种每一期变换版式、更新字体的操作方式颠覆了传统杂志的操作规则，几年下来逐渐形成了这本出版物独有的身份和特有的气质。每期虽版式不同、版面呈现的气质却是贯通的，我认为这也是一种无序中的有序。

一、封面

封面是一本杂志的外衣，必须涵盖杂志的整体气质特征。每一类杂志也都发展了属于自己的表现形式，例如，时尚类杂志的封面主要以人像为主，注意力集中在商品和衣服上，这种普遍雷同的交流方式几乎是世界性的了，如果遮住刊名，你不知道它属于哪一本杂志。按照媒体分析家的说法，我们扫视报摊的平均时限为两秒到三秒，因此封面必须鲜明而直接地呈现信息。如果瞬间吸引了读者的目光，就意味着它们在报摊上被顾客看好，因为杂志是先卖掉封面再卖掉内容。

3

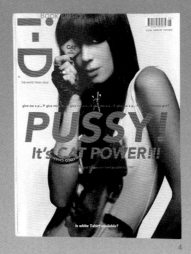

4

5

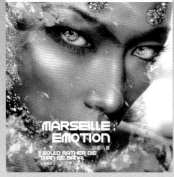

6

7

8

9

10

11

12

13

《i-D》封面是绝对概念化、多样性的统一典范。眨眼间封面已经蔓生了三十多年，成为时尚进行时的绝对符号，这个绝妙的符号因子涵盖并盖掉了刊名，具有时尚文化行为的"眨眼艺术"亦可瞬间识别。

《VISION 青年视觉》杂志在创刊之初就对封面作过明确的视觉定位，根据每期的特点突出某个主题进行拍摄，无论思维方式或表现手法有多新奇，所有封面都须强调眼神的刻画。多变的眼神与受众发生关系、产生交流，挑逗受众的视觉神经与其产生精神共鸣，这一理念延续至今。眼神成了《VISION》封面的秩序。

《PLAYBOY》杂志，在全世界都大名鼎鼎的兔子作为杂志的标志，千变万化，搞笑也好，幽默也好，始终出现在这本杂志所有版本的每一期封面上，让人转身难忘。

二、版面设计

版面犹如杂志的身体，是内容依附的载体。多数杂志通常依附网格系统编排版面信息，将不同内容套用于基本固定的网格之中。我通常采用的是内容决定版面的设计方式，设计师是文章的第一读者，从宏观上分析内容，把握内容主旨，阅读图片，解析图片信息，找到传达文章内涵的最佳方式。

01 / 字体版面

文字是版面直接传递信息的核心，也是艺术表现的重要元素，运用好文字，完全可以制作出富有魅力的版面，而不需要任何图形。能驾驭文字，设计便是成功了一半，甚至全部。对于今天的设计者来说，字体的选择基于视觉创作，是个人化的，是设计师创作理念的一部分。但是在选择字体时必然会遇到影响设计者决定的几个问题：内容是关于什么？内容背景的地域性？作者是谁？读者是哪些？单一文字还是多种语言？印刷的实际操作，等等。

还有独特字体的应用，本土的、区域性的或手写体被作为字体的最原始形态，容易和内容产生共鸣，是丰富设计内涵、增加版面灵动性和新鲜度的有效手段。

02 / 图形版面

版面的图形或二维或三维，包括装饰线条、插图、图表等，多由设计师依据文章内容主观提炼而成。一般为非功能性的纯粹装饰，多以概括、抽象的形式出现，是打破摄影图片单一性的最有效方法，因为插图总是富于一种艺术的个性化表达，所以还起到活跃版面、丰富内容的作用。

03 / 图片版面

一本以图片信息为主的杂志，图片量多且风格迥异，版式设计就较为困难；图片风格差异越大，文章和版面布局就越不协调，也就失去了版面间的相关性和秩序性。如果遇到此类情况又来不及重新组稿，可用设计手段或对图片风格进行区分，如窗外风景与窗内风景、特写镜头与全景镜头、彩色与黑白、经典照片与试验性照片、抽象与具象的对比排列，就会形成节奏。

04 / 综合版式

杂志内容和版面的审美趋向，决定了杂志的气质、品位和读者。

如果将杂志比做一个人，他是一个什么样的人？是一个什么性格的人？他的相貌和气质应该清晰可辨。

保持独特、独立、新锐、不排斥主流审美、略有反叛精神，是《VISION 青年视觉》特有的气质和姿态，因此编辑和设计才有许多值得玩味的地方。摄影师、插图画家也因此得以在这个舞台上想象和实验。

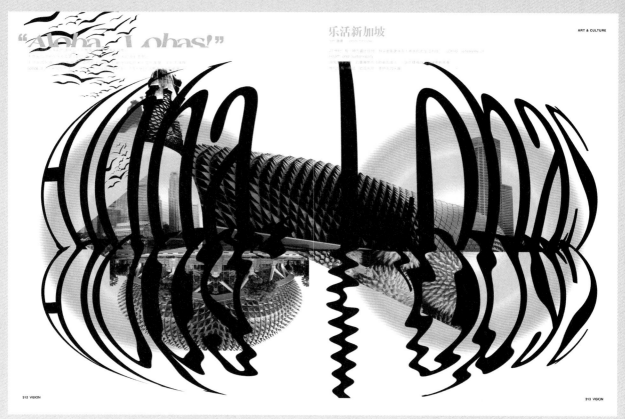

14.15 字体版面

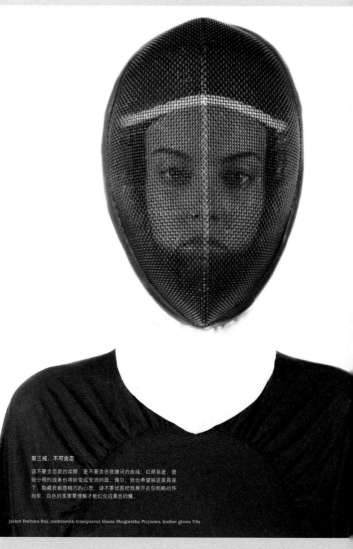

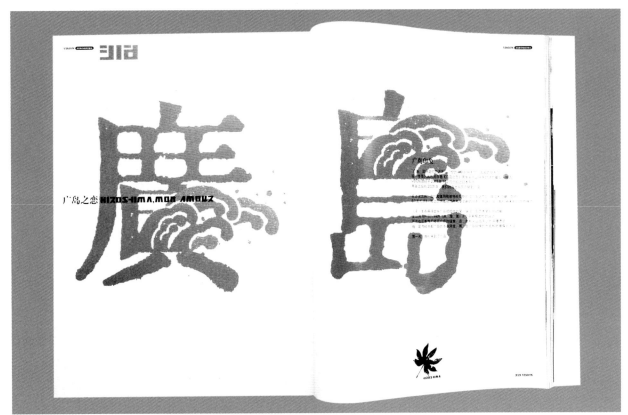

16 图片版面

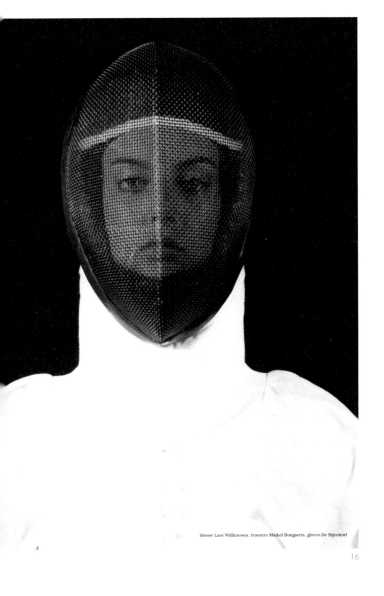

blouse Lars Willhausen, trousers Maikel Bongaerts, gloves De Bijenkorf

17　　　　　　　　　　　　18　　　　　　　　　　　　19

24　　　　　　　　　　　　25　　　　　　　　　　　　26

17~30 图形版面

 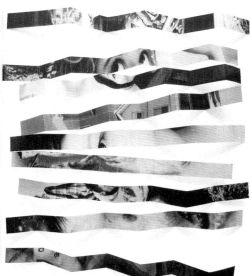

31

20　　　　　　　　　　　21　　　　　　　　　　　22　　　　　　　　　　　23

27　　　　　　　　　　　28　　　　　　　　　　　29　　　　　　　　　　　30

31~47 综合版式

FASHION

CANNA RED

Photography: Denise Boomkens (ass. Paul van de Looi)

Production and styling: www.EdithDohmen.com
Make up & hair: Dirk Jensma for Laura Mercier
Model: Sara P@Maxmodels

红色美人蕉

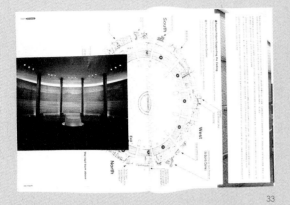

33

34

35

36

37

38

39

40

174

YESTERDAY
ONCE
MORE
PHOTOGRAPHY
BY SONNY
VANDEVELDE [BELGIUM]

昨天的浅斟低唱

41

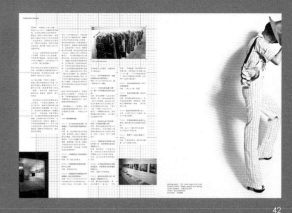

42

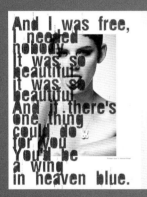

And I was free,
I needed
nobody.
It was so
beautiful.
It was so
beautiful.
And if there's
one thing
I could do
for you
You'd be
a wing
in heaven blue.

43

Have
fun
with
Me!
跳跃者设计

44

Lady
Hawk

永恒的日落瞬间

45

46

260 PARiS-PHOTO2007

十足的阳光味道

世界之都的视觉体验

47

48

三、大片拍摄

摄影大片是构成杂志品牌内容的关键区域，也是为世界上最优秀的摄影师提供的重要舞台，连续 10 ～ 20 页，往往是杂志达到最高审美价值的部分。

《VISION 青年视觉》大片通常是塑造某个主题，有时尝试新的形式。通常先确定模特，摄影师与造型师商量妆面，最后用妆容、光影塑造感觉。
模特不一定漂亮，但一定要有性格，甚至有缺点，将某一点放大，缺点可能就是特点。

《VISION 青年视觉》大片制造现场： 地点：英国。

此次拍摄，VISION 给出的三个关键词是"色彩"、"性感"、"时尚"，而具体如何组织故事结构的题目，就留给了摄影师。

在两天后摄影师便讲述了关于"外太空"感觉的拍摄灵感，让整体造型更加强调戏剧化的色彩张力，与看似严谨的服装款式形成强烈对比，进一步打造"外太空式"的时髦。

四、再设计

因为杂志出版周期的严格限定，精致工艺和手工操作的可能性极小，杂志只能在印刷机上以高速流水作业的方式完成。这种完全程式化的机械操作，造成了个性和审美的流失，机械化程度越高，工艺化、情感化程度越低，同质化越严重。

要学会打破惯性思维。我们对太多的理所当然过于习惯，对机器给我们的设定过于习惯，电脑程序的设定让我们无须思考就可以很快做完一本出版物的排版，长期下去，这个行业好像没有太多可能性了，要做出有意思的东西就要学会对抗，对抗惯性思维，对抗印刷机器，对抗传统的消费观念。

杂志作为六面的物质载体，它承载信息的界面可不可以有更多的可能，只要有一点点突破就会有别于其他杂志，于是有了像书脊一样，把内页信息渗透在切口面的设计，杂志结构没变，但信息结构发生了变化。这对一本单行本的图书来说不算什么，但对受太多客观因素控制的杂志来说算是一个突破。

49

50

51

52

入乎其内，固有生气

——浅议封面设计的书卷气

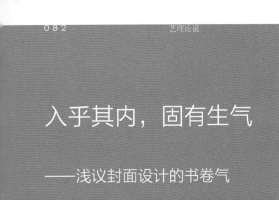

赵焜森

南方日报出版社副总编辑

中国美术家协会会员

中国装帧艺委会委员

南方画院常务理事

广东省出版协会装帧艺术工作委员会副主任

《广东美术家通讯》《广东摄影》设计总监

广州书窗文化艺术工作室艺术总监

书卷多情似故人，晨昏忧乐每相亲——于谦的这句诗写的是读书的极美感受。虽说"书卷多情"大体是针对内容而言，不过在笔者这个书籍设计者看来，书籍的设计其实也是令人"每相亲"的一个重要元素。

一本书没有好的设计是不完美的。书籍设计中的封面是书籍内容的窗口，是广告，是标签，是阅读者赏心悦目的开端。有一种书，刚拿到手，还未等看其内容，就令人爱不释手，其魅力往往首先在于它的封面设计上。

在美国曾经有一个实验：成功的封面设计意味着书籍的销售量上升10%；相反，失败的封面设计则意味着销售量下降10%。在成功的封面和失败的封面之间就有20%的落差。事实证明，优秀的书籍设计，可以提升一本书，而低俗的书籍设计，也完全可以毁掉和埋没一本书。

由于受现代审美价值以及商业运作或电脑技术等因素的影响，许多书籍设计者一味强调视觉效果，忽视了书籍所特有的内在精神——书卷气，导致现在许多书籍使读者在刚产生视觉新奇感后，又出现了视觉疲劳感。如何为图书设计出加分、增色的作品，让读者一见倾心而又回味无穷，书卷气仍是书籍设计中不可缺少的"文化气质"。

在第六届全国书籍设计艺术展览暨评奖中，南方日报出版社设计的图书获得两个银奖、一个铜奖、一个优秀奖，而笔者所负责的《包公兴端州》和《常用汉字字源手册》两本书的设计分别获得社科类银奖和辞书类银奖。其间有记者要笔者谈点心得体会。笔者就表示：获奖原因也许是"书卷气"给阅读审美带来了兴奋点的缘故吧。随着时代的发展，"书卷气"这个概念相应有了更丰富的内涵，所以在理解"书卷气"一词时，既要有对中国社会历史文化底蕴的理解，又要有与时俱进的眼光。

赵焜森作品

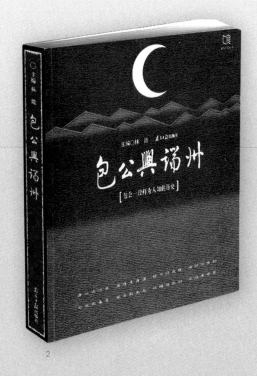

5

其一，"书卷气"是指书籍设计的文化性。

艺术风格的存在，通常有深刻的社会文化背景以及民族烙印，书籍设计艺术同样如此。"书卷气"是书籍设计中凸显的深邃文化精神。

随着社会的不断进步与发展，书籍的商品属性日益突出，这无可非议，但同时，书籍作为一种文化产品，应有别于商品广告的瞬间效应和视觉刺激。如果忽略书籍的文化属性，而过分强调书籍的商业属性，何谈"书卷气"？事实上，"书卷气"不但不会降低书籍的商品价值，而且能够为书籍这种文化商品增色、加分。

书籍设计的文化性自然是不可或缺的。书籍设计被称为"有意味的形式"。"有意味"就是指设计形式不能脱离作品而存在，形式要为内容服务。一味地强调画面标新立异的视觉感受，不重视创意的内涵，显然是空洞的。只有立足于书籍内容，深刻理解书的本旨，才能"入乎其内，故有生气。出乎其外，故有高致"。

书籍设计者的文化底蕴、生活阅历、领悟能力等，也决定着对书籍文化内涵的准确把握。书籍设计的文字、色彩、明暗、构图等都是具体的可视信息，如何使之恰到好处地

与书的内容联系起来，更加充分地反映出书的文化内涵，这就要求书籍设计者必须具有较高的文学修养。要使读者感受到"书卷气"扑面而来，书籍设计者应该不断地加强自身的文化和审美修养，以提升设计构思、想象与立意的深度、巧妙程度以及整体艺术趣味性，使书籍设计显现出独特的文化品位。

其二，"书卷气"是书籍设计的气韵之美，气是书籍整体意识的升华，是中华民族的审美境界。

与设计目的追求外在的视觉冲击力不同，"书卷气"是在外在的形式中追寻书籍内在的气韵。在设计中，根据书籍讲述的主题，调动点、线、面、色彩、图形、图像及一切设计元素，将其转化为对气的追求，使气在整体之中把一切动荡的、对立的因素，都融合在静谧的、合一的和谐之美中，由气而生动。

从近几年一些书籍设计奖的评审结果不难看出，"书卷气"依然是获奖作品的一个共有特征。

如近几届的全国书籍设计艺术奖上，中国传统文化的弘扬成为获得书籍设计奖的主要特点。金奖作品《小红人的故事》，从纸质到装订样式、从字体的选择至版式排列，以

6

7

赵焜森作品

及封面上的剪纸小红人，浑身上下，无不浸染着中国传统民间文化丰厚的色彩。设计者熟练地运用中国设计元素，与书中展现的神秘而奇瑰的乡土文化浑然一体，让书的文化内涵跃然纸上，同时又渗透着中国书籍的气韵之美。

另一金奖作品《守望三峡》，封面设计中似字非字的狂草"守望三峡"四个字，造型恰如"一石激起千层浪"，这种注入设计者丰富情感的书法，让读者感受到三峡沧桑、丰厚的文化积淀和变迁中的悲壮气魄，"书卷气"油然而生。

笔者在进行书籍设计的时候，也特别注意通过一些文化元素展现该书所特有的文化内涵，以期达到形式、内容声气相通的作用。比如为曹鹏先生所著的《大师谈艺录》一书做设计，由于书中所收录的都是当今中国书画界具有代表性的人物，所以在设计气质上，要体现高雅的文化品位理念，突出简洁、庄重和大气。在颜色的搭配上，选择黑、浅银、烫银为基调。书名"大师"两字采用了王羲之的手迹，占封面的 1/3；封面仅有的一小块红金，是以中国印章作点缀；封面其他文字的组合和谐统一。既把握了图书的内涵，又注重了设计语言，鲜明地凸显了中国传统文化特色。

今天中国不少的设计艺术家，依然把"书卷气"作为设计

中的一种不可缺少的精神内涵。他们将"书卷气"注入书籍的"形而上"的"道"，灌注在设计整体之中。这些书籍设计奖项对书卷气的看重，某种程度上也可以将其看成是中国未来书籍设计的一个风向标。

其三，中国在走向现代化的进程中，"书卷气"的内涵也随着时代的发展而发展。

历史上能够让人牢牢记住的书籍，其书籍设计一定隐含着一种悠悠的书卷气。随着社会的发展以及外来文化与中国传统文化的冲撞与融合，中国人的审美趣味日益多样化，加上当今丰富多彩的书籍选题，要求设计"书卷气"表现形态更加多元化。既需要有中国传统美的"书卷气"，也需要夹带着"洋"味的"书卷气"，既需要具有文化底蕴的"书卷气"，也需要带有商业味的"书卷气"。

但是，现象背后的规律性是不变的，就是要在领悟我们民族特有的审美精神，尊重本民族文化审美习惯的设计基础之上，运用现代的或外来的设计元素，不断求变、求新，就会为"书卷气"注入新鲜的血液，从而形成既有本土文化内涵，又适应时代需求的中国自身独有的书籍设计语言风格。

超越书籍本身的书籍设计教学

王曼蓓

毕业于江南大学装潢设计专业

2005 年，毕业于川音成都美术学院，获硕士学位

2009—2010 年，为清华大学美术学院访问学者

现为川音成都美术学院视觉传达系副教授

"是故学然后知不足，教然后知困。"

几年的教学工作和学习、思考和积累，让我对书籍设计课程教学有了更多维度的认知和理解。正如书籍界"装帧"一词被"书籍设计"所代替被广泛认可一样，该课程的内容也随着时代、观念的进步，日渐充实和丰满。在某一种程度来说，其教学广度和深度，超越了书籍本身。

一、对基础课程的检验和整合

书籍设计课程，是我国高等艺术院校中视传系的主要专业课程。它和包装设计、广告设计一样，是一门相对独立、专业的课程。在书籍设计课程之前，一般有字体设计、版式设计、图形设计等基础课程作为铺垫。基础课程的学习和练习，是为"书籍设计"类似的专业课服务；同时书籍

的完成效果，也是对前期学习能力和成果的检验。由此，基础课和书籍设计课程之间的关系，包括课程设置、教学情境等不是彼此割裂，而是相互联系、交叉和重叠。

书籍设计是一门综合的艺术，需要一种整合能力，其完成会把之前相对独立、散落的基础内容的"点"串起来，用"书"的形式达到完整的呈现。具体到书名的设计，字体的选择，字号、行距的设定，内文的排版，插图的绘制，色彩的控制，等等，这些都是构建"书"这栋大楼的一砖一瓦。

二、超越平面的书籍设计教学

书是平的，但书又是不平的。

书籍设计是平面设计的范畴，但毋庸置疑，书又是立体的。

王曼蓓作品

1《A4毕业设计调查报告》

1

日本著名书籍设计家杉浦康平先生曾说过："书，是一张纸开始的故事。"一张张纸，通过印刷、反复折叠、裁切，到最终成为成品，经历了从平面到立体的塑造过程。当我们注目阅读时，我们关注的是其承载信息的每一个平面；当我们用手翻阅时，从封面、环衬、扉页、正文、封底，随着翻动，空间变换、时间转移；而当搁于书架或书桌时，我们又会关注到书籍作为一个六面体的真实存在。内页、书脊、切口等等，作为六面体的每一个面都是可以承载信息、演绎时空的场所。书籍的完成，同学们在一面面书页的设计、累加、堆砌，感受到平面与立体的转换，时间与空间的交替，最终完成了立体的塑造，超越了传统意义上平面设计的范畴。

三、超越结果的过程体验

两年前有机会到德国哈雷艺术与设计学院交流学习，看到

王曼蓓作品

2《零七零八》

他们的同学们完成的手工艺术书籍时，带给我的感受应该可以用"惊艳"两个字来形容。先不论其设计和创意，单是每本书的制作，都极其精致，极富巧思，堪称完美。据了解，他们的本科教育会用相当长的时间专注于书籍装订的学习，每天操作各式纸张、针、线等相关的工具，亲手体验各种装订方法。在反复学习各式基础装订方法后，再进行创作或创新。可以想象，有了这样一年的实践，对于书的制作、工艺都会了如指掌，对书的感情也会不言而喻。

本人一直反对那些为设计而设计、故弄玄虚，或是仅仅满足设计者个人的审美偏好而不考虑成本的过度设计。但我们同学的设计常常确实如空中楼阁，闭门造车，其创意是无本之木，无水之源。作设计时，常常是把大师的设计抄袭、拼凑过来，还自以为就是"创新"。从过程中去发现、寻找，也许是解决灵感、呼唤原创的一种途径吧！

我们今天的书大多都是机械化生产的结果，书籍的形态和最终呈现的效果，很大程度上会受到成本、材料、工艺、生产环节的制约。参观印刷环节、了解装订过程、亲历过程，同学们会适度调整设计。这个时候的设计，才是自然生成，发自内心，是能够实现的创意。

作为一门课程，在有限的几周以内，我们没有办法照搬国外的教学模式。在既定的条件下，要求每一位同学亲身体验一本书诞生的全过程很有必要。老师在这个过程中，参与到同学的完成过程中去，伴随同学们从选题、草图、结构、插图、选纸，到最后的制作。亲眼目睹一本书从孕育、雏形、成型，到最终完成的经过，分享其间的点点滴滴，感受同学在这个过程中的成长。最后完成的书，无论成功或是失败，都不是最重要的，也不必成为评判作业好坏的唯一标准。实实在在体验一本书诞生的完整过程，学习一

3

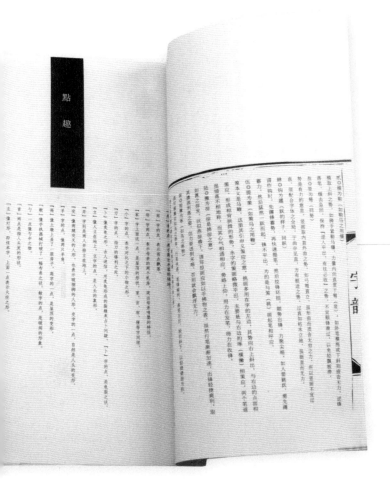

王曼蓓作品

3《字的》

本书要经历怎样的步骤，才是该课程最重要的内容。

同时，老师在这个过程中要关注同学分析问题、解决问题的能力，注意引导和总结，并让同学从解决书籍设计的问题上升到设计问题的解决的高度，进而逐步形成一种方法论作为结果。只有这样，我们的书籍设计才会跳出既定的专业范畴，指导和促进专业能力的综合提高。

四、超越文本内容的艺术表达

书籍是一种承载信息的方式，是一种载体。优秀的书籍设计师，是隐藏在作者背后发挥作用的看不见的手。设计书，首先要会读书，读懂书，领会文本的精神气质。在同学中常常有一个误区，认为"外表华丽、复杂的设计就是好的设计"。老师应该鼓励同学去寻找最适合原书属性、内涵的设计表达作为设计的原点。

书的阅读过程是一种美好的体验。好的书籍设计，常常能够带给人视觉的愉悦、感官的享受、精神上的共鸣，这些都需要设计师适度、合理地把感性的认知通过艺术化的手段表达出来。这种表达方式是真诚的、有生命力的，这样的设计，具有感染力，触及读者心灵。这是一本书最终能打动人的核心，是设计书的灵魂，也是书籍设计追求的最高境界。

大学教育之所以区别于职业教育，除了技能的学习，还需要培养学生创造性思维的能力，学会运用艺术手段和艺术表达的能力。每一位学习设计的同学，天生都不乏想象力和创造力。大学的设计教育又只有短短 4 年，我们不能因为眼前的就业情况或是现实环境，就过早灭杀同学们艺术

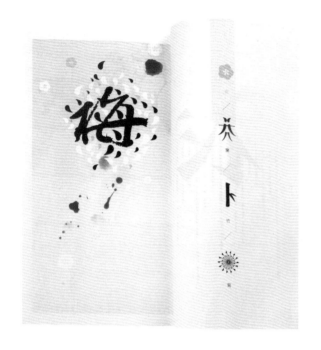

创造的能力，而应该给予其阳光、土壤、空间，让其发芽和成长，容许更多的实验性和艺术化的表达方式。

同时，近年来电子书来势凶猛、大行其道，传统书的生存和发展是出版系统和书籍设计师普遍关注的一个问题。在这个背景下，未来的书籍设计市场会细分，一些书籍会被电子书代替，一些书的设计会更加专业、要求更高。如何设计出有别于电子书，更让人品味以至于回味的书，为未来这些准设计师提出了更高的要求。

书籍设计课程的命题，鼓励同学们去实验、创造，调动创造的因子，挖掘表现的潜力，通过书的方式，在理性和感性中找到平衡。

五、超越局部的整体设计

书籍完成的过程是琐碎的、繁杂的，要在坚持中去体会快乐，体验成就。书籍是无数细节构成的整体效果，细节需要精彩，整体却更重要。

视觉上，字体的运用、纸张的选择、装订方式的选用、工艺的实施，都必须服从于书籍效果这个整体。视觉以外，手指的触摸、翻动，纸张的气息、味道，翻动的声音，品味书籍的韵味，由此带来的"五感"体验，都是书籍设计整体中不可或缺的部分。

超越局部，建立更为整体的设计观，不断完成对比和协调的调整，对书籍设计必不可少，同时又是设计的真谛。

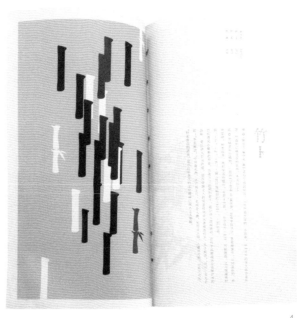

4

王曼蓓作品

4《字韵》

六、超越传统装帧的编辑设计

书的设计其实是阅读的设计。对于阅读的设计，除了我们直接感官上的、物质媒介上的设计之外，其实还有一个层次——编辑设计。著名书籍设计家吕敬人先生一直强调"编辑设计"的重要性，认为编辑设计是书籍设计理念中很重要的部分。长期以来，书籍的内容编辑认为和设计师无关，是作者、编辑的工作。其实一本书"说什么"和"怎么说"，直接影响了阅读。还有人把书籍设计师比喻成导演，直接决定一个故事演什么、怎么演。原作者完成了书的写作，设计师是书的第二作者。

编辑设计说到底是信息的设计，这和平面设计、视觉传达专业的核心一致。书籍设计过程就包含着和编著者、出版社、编辑一起讨论的环节和过程。在教学过程中要灌输编辑设计的意识，鼓励同学从一个单纯的美化书籍的设计师，有意识地转换为一个信息设计师。

书既是媒介，又能承载很多。我们的书籍设计教学从书籍出发，绝不局限于书籍，来源于书籍，又超越书籍。在这个过程中，最终是设计能力的培养，获得设计的真谛。

未来书籍的发展何去何从，我们无法预测。学会了设计的方法，可以作任何设计。

书籍设计课到底带给学生什么？什么是最重要的？这些问题常萦绕心头，也许，这就是答案。

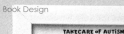

5

王曼蓓学生作品

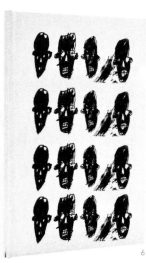

6

7

8

9

10

范一辛访谈录

受访者：范一辛　访问者：韩湛宁

访谈·互动

范一辛　韩湛宁

范一辛　擅长书籍装帧、插图及版画。1952 年开始从事出版工作，历任华东人民出版社、上海人民出版社美术编辑、编辑室主任。范一辛还曾任第六届卢湾区政协委员、第八届上海市政协委员、中国民主促进会第十届市委委员、上海市装帧艺术研究会副会长。1999 年被聘为上海市文史研究馆馆员。范一辛还钟爱木刻版画艺术，认为它与装帧艺术的印刷工艺相通。木刻版画也是中国的民间传统艺术，在中国革命的年代里更是发挥了战斗艺术作用，应该发扬光大，所以范一辛的木刻版画作品经常参加美术作品展览会以及作为文艺读物的插图，由此范一辛既是中国美术家协会会员，也是中国版画艺术家协会会员。

1984 年，曾代表中国书籍装帧艺术家参加第十一届布鲁诺国际设计艺术展览会。范一辛是上海老一辈版画家、美术出版人。他 1949 年后的众多木刻作品多次得奖，有着很大的社会影响。

韩湛宁　设计师，汕头大学长江艺术与设计学院教授、硕士生导师，中国出版协会装帧艺术工作委员会常务委员，深圳亚洲铜设计顾问有限公司创意总监，曾任深圳市平面设计协会秘书长、"平面设计在中国展"执委会秘书长等职。设计作品曾在国内外获奖数十项，曾参加英国 V&A 博物馆"创意中国"展等多个重要国际展览，作品被多国博物馆收藏。近年亦致力于设计写作，撰写设计专栏等。

范一辛作品

1~3 风景速写

韩湛宁：范老师，您好，谢谢您接受我的访谈。这个书籍设计家系列访谈都是对当代最重要的书籍设计家的采访与梳理，希望让年轻一代可以对您这一代大家的作品及其背后的思想有一个了解和学习。我想从您的故事开始讲起吧，您是常州人吧？

范一辛：我是江苏常州人，1927 年 2 月 3 日农历正月初二出生，家境还好，算是大户人家。父亲经商。父母自幼都曾受私塾教育，因此有一定的文化修养。母亲对我们子女的幼时启蒙教育也非常严格。小时候，每天要熟读《三字经》《朱子家训》等，还要临摹碑帖书法，即使后来上了小学也未能幸免。

父亲在经商之余特别钟爱欣赏书法绘画，家中收藏了相当数量的名家书画作品，家里到处都有画。从我幼时开始懂事起，抬头就能看到住房四壁悬挂着的书法画轴。每逢四季节日，父亲便忙着更换应时内容的书画，闲时细细观赏品味，陶醉其中，日久也吸引了我浓厚的欣赏兴趣，甚至梦想将来能挥毫作画，开始模仿鸦涂为乐，逐渐形成我的终生愿望和追求。

韩湛宁：自幼的耳濡目染是最美好的启蒙啊，您应该是自学成才啊。之后的成长是怎样的呢？

范一辛：是啊，我那时自己也画国画、插图，也喜欢封面，算是自学成才。不过，好景不长，1937 年日军侵华战争暴发，南京失守后无锡、常州相继沦陷，日寇野蛮烧杀，全城火光冲天，尸横遍野，所幸我家先行

范一辛的版画作品

投亲避难于上海租界，劫后重回家园，但见一堆瓦砾废墟，父亲心爱的书画藏品当然也成灰烬。遭此浩劫家境从此中落，但并未影响我对美术的爱好，还憧憬着中学毕业后能去常州著名画家刘海粟先生在上海创办的上海美专深造。

韩湛宁：这是您的少年时代啊，在抗战的艰难时期成长，真是不容易。抗战胜利后您开始美术学习了吗?

范一辛：八年抗战虽然胜利，但劫后的家庭供我读完中学后已无力负担昂贵的美专学费。为了圆梦，我在百般无奈中决定凭着平时刻苦自学尚不成熟的美术技能寻找一份工作，以挣钱筹措学费。经一位中学老师介绍，我在南京找到一份绘制统计图表的工作，这是非常乏味的事情，不是我的所求，一年没满即离开南京去了香港。

韩湛宁：香港? 那时香港也是战后的满目疮痍啊。那时候您是怎样去的啊?

范一辛：正遇一位亲戚去香港创业，愿意带我去找就业机会。我在香港找工作，在报刊登载的招聘广告中找工作，很快应聘了一家广告公司的美术

5

6

7

4

4~7 范一辛不同时期的照片

设计工作，接着又应聘了一份报纸的美术编辑工作，我很满意有了白天、夜晚两份工作，可以早日圆我的专业深造梦。

我在广告公司做美术设计，也在电影院里画海报，在木板上装裱纸张，然后去画。所以我在那时学会了木板装裱法。呵呵。但是广告公司业务萧条，工资低，不久我就辞去此职，专心于报社的美术工作，绘制插图、创作漫画、设计题花等，工作很是顺利，创作水平也有所提高，只是要想积蓄一笔学费还须相当时日的努力。

韩湛宁： 那您是何时回到内地的呢？

范一辛： 1950 年。因为 1949 年全国解放，中华人民共和国成立，全国一片欢腾，家乡的亲朋好友来信介绍新中国的新气象。特别使我兴奋不已的是了解到新中国对文艺工作十分重视，想到自己在香港为圆梦而拼搏，前途渺茫无望，经过反复思考，决心回到内地，希望能在这样的气氛下从事美术工作，也可能有实现深造的机会。

韩湛宁： 这是对新的世界的向往，对美好未来的期待吧。

范一辛： 1950 年我毅然离港到了上海，友人已在上海一家私营出版社联系好创作连环画的工作。当时在上海文化娱乐贫乏的情况下，市民非常欢迎连环画，因此上海有多家出版连环画的私营出版社，相互竞争激烈，也争着聘请能画人物的画家，因为画家是以稿费作为收入，与出版社没有固定的劳资关系，所以这些画家被称为"自由职业者"，当时这样的自由职业连环画家在上海有数十位，我也身列其中。随着国家创办出版社陆续成立，在社会主义改造运动中私营出版社一律公私合营，由国家出版社管理。

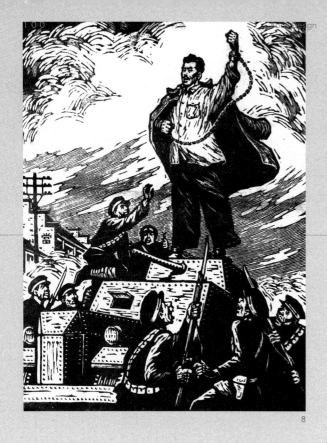

8

9

韩湛宁：您是在这个时期去了上海人民美术出版社?

范一辛：在这样的形势下，1952年上海市文化局为从事连环画创作的自由职业者办了一期学习班，学习班里老师有贺友直老师，另外一个班有赵宏本等老师，他们都是著名的连环画家。重点学习政治以及《在延安文艺座谈会上的讲话》等毛主席著作，以提高学员的政治、文艺思想水平。学习班结束后分配工作，大部分学员分配到新成立的上海人民美术出版社连环画科，我与王康乐先生分配在上海人民美术出版社美术科，从事书籍封面装帧设计及插画创作。

韩湛宁：贺老的作品影响太大了，我很喜欢。吕敬人老师昨天还带我看望了他老人家。贺老特别幽默，还提起您参加他的"石库门"展览呢。您和贺老是老朋友吧?

范一辛：是啊，我与贺友直老师是老朋友了，抗战时期就是好朋友。当年在淮海路，我们常常在一起，吃大闸蟹啊，喝点酒啊，很惬意。我受他影响也很大。

韩湛宁：那时您就开始到上海人民美术出版社工作了吧，这应该是非常美好的开端吧?

范一辛：我非常乐意做这份工作，因为替大文豪鲁迅先生的著作装帧设计封面的先辈钱君匋先生就是我钦佩的大家，促使我树立做好这份工作的决心。更为有幸的是美术科科长任意先生毕业于我所梦想深造的上海美术专科学校，这使我大为惊喜，居然老师就在面前，并且与之同室共事了十余年，成为我的良师益友。

韩湛宁：任意先生也是我尊敬的书籍设计前辈，可惜无缘认识。他是一个怎样的人呢? 对您的影响是什么?

范一辛：任意比我大三四岁，是美术科科长，我特别服他，五体投地。他人好，工作好，思路非常活跃，作品丰富，每次拿出来的东西都得到大家的称赞，他的设计，文字构成总是有很多形式。我随他一边工作一边学习，使我的业务水平不断提高，我做人做事都受他影响。"文革"后任意

10

11

范一辛作品

7~14 版画作品

12

13

14

15　　　　　　　　　　16　　　　　　　　　　17

范一辛作品

范一辛在华东人民出版社封面
展览会上的合影

先生离任去上海大学美术学院执教，后来我也被调任上海人民出版社美术编辑室主任。

韩湛宁：您在"文革"中也受到了冲击吧？

范一辛：是的。"文革"时有人来抄家，后来我被送去了五七干校种地，写标语。干校在上海奉贤，还不是太远。1976年周总理去世，我听了之后非常悲痛，就立即赶回出版社，在绍兴路54号。我去刷大标语"沉痛悼念周总理"。

韩湛宁：您是真性情的人，在当时也是非常有勇气啊。"文革"时期您可以从干校回去吗？

范一辛：呵呵，干校是可以回的，不过回去得少。"文革"期间我还去为新华书店作橱窗设计，为他们办展览会，如"上海精神病展览会"，为展览画宣传画，那是政治任务。政治任务很多，我要乖乖去做，要夹着尾巴做人。因为我是香港回来的，有人对我提出质疑，说我是敌对势力派回来的。

韩湛宁：范老，您那个时候开始创作了大量优秀的书籍设计作品，也获得了很多很高的荣誉，如《辞海》《3号了望哨》等，能具体谈谈吗？

范一辛：我获奖是在20世纪80年代，从那时开始的。那时国家新闻出版总署为促进提高全国出版物装帧艺术水平，组织成立装帧艺术研究会，每年举行展览评选优秀作品，我曾多次获奖，《辞海》就是那个时候获的奖。好像《辞海》三卷本获荣誉奖，《辞海》缩印本获一等奖、优秀整体设计

18

奖等，不及一一列举。好多奖都忘了。

韩湛宁：《辞海》当时的创作情况是怎样的呢？

范一辛：《辞海》一开始是很多人参与设计的，后来找的我。我这个人要么坚持，要么不做，我很认真地搞了三四遍，自己觉得很满意，领导还是要我再搞。我不搞了，我很坚持，后来领导认同了，最后用了，反应很好，后来也获奖了。

韩湛宁：应该是在第三届全国书籍装帧艺术展上吧？

范一辛：呵呵，记得不是很清楚了。

韩湛宁：《3号了望哨》呢？这本连环画也是特别受欢迎，获了不少奖吧？好像入选参加在捷克首都布拉格举行的国际书籍装帧艺术展览会展出。这本书大量的像版画一样的插图我很喜欢，颜色特别讲究，印刷得也好，今天看了都很鲜艳，配色也特别有味道。

范一辛：其实《3号了望哨》彩色插图本，全是水粉画，本来是想搞版画的，后来改了，但是我保留了版画的味道，所以很特别。后来入选参加在捷克首都布拉格举行的国际书籍装帧艺术展览会展出，我也作为中国代表参加了这次盛会。

后来我搞了很多版画作品，版画也不是随意的，先画好再下刀。我喜欢版画，版画还可以多次印刷送人。

我认为在书籍装帧艺术里边，除了封面设计外，人物插图创作也是重要部

19

范一辛作品

20

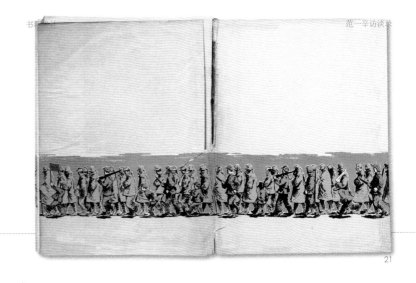

21

分。我在自学绘画时人物画是重点，因此为出版物创作插图可以得心应手，业余曾应少年儿童出版社之约创作了大量儿童读物插图。

韩湛宁：您参加了 1984 年的第十一届布尔诺国际设计艺术展，您应该是去国外参加设计活动最早的人了吧？布尔诺国际设计艺术展是全球著名的设计展览啊。我也曾经在 2004 年参加过。当时您出去的感受是什么？

范一辛：感受特别大，看了很多外国的东西，触动太大了，当时我们国内太封闭。我出国被当成是日本人，为什么呢？因为我打扮得也比较洋派，而那时中国的人感觉都土一些。差距太大了，所以看了人家的东西很受刺激。我在国外拍了很多照片，其中有大量的书籍、封面的照片。回来借鉴学习，受到很大的影响，后来我做了不少新思想的东西。

韩湛宁：您那个时候创作了大量的版画、连环画的作品，现在市面上有太多您创作的这些作品，以至于很多收藏家都以为您是一个版画家呢。

范一辛：呵呵，我是非常钟爱木刻版画艺术，认为它与装帧艺术的印刷工艺相通。木刻版画也是中国的民间传统艺术，在中国革命的年代里更是发挥了战斗艺术作用，应该发扬光大，所以我的木刻版画作品经常参加美术作品展览会，以及作为文艺读物的插图形式。

韩湛宁：这一点从您的身份就可以看出来，您除了是装帧艺术家之外，还是中国美术家协会会员，也是中国版画艺术家协会会员啊。

范一辛：是的。

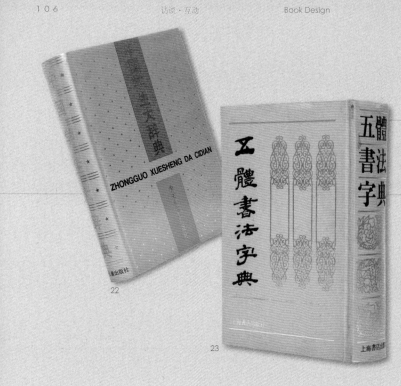

范一辛作品

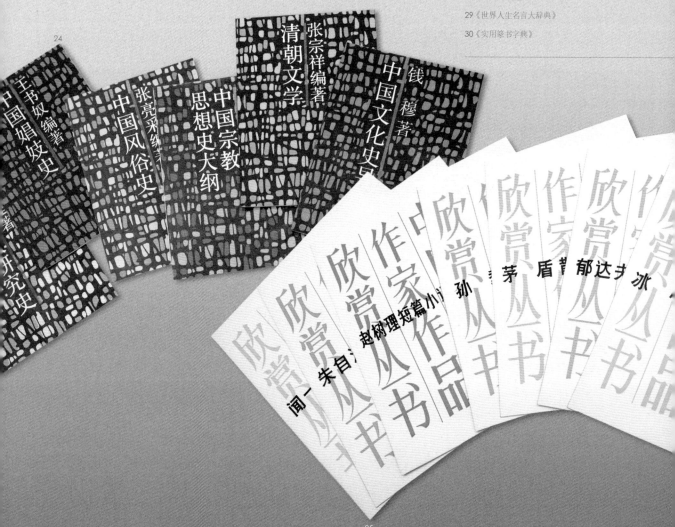

28

29

26

27

30

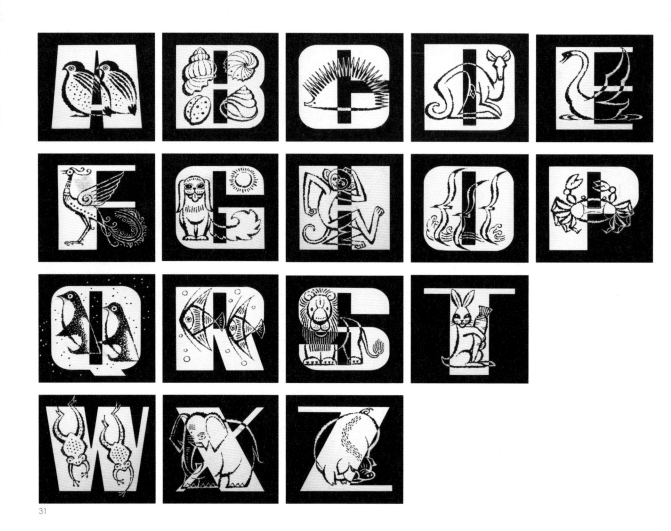

31

32

范一辛作品

31 英文字体设计
32《绘图儿童成语词典》图案设计

韩湛宁：您是在上海人民出版社退休了吧？但是您一直还在坚持创作啊。

范一辛：我是正常退休，退休后返聘了几年。后来在上海外语教育出版社又做了几年顾问，一个星期去一次，指导他们的设计，有时也帮他们设计一些东西。还喜欢画画，退休后一直在画，画了很多《海峡》封面，给知识出版社、海峡出版社，上海的各大出版社都有画。他们邀请我做设计、画画，还有很多作者找我要设计。现在当然就不做了，随性一点。

韩湛宁：您从事书籍装帧几十年，您的设计思想或者心得是什么？

范一辛：简单地说，就是"风格要出新"，还有印刷装订也要出新，技术上要赶上，使用纸张也要有新意，全面出新。在干校的时候，毛主席徽章也想应加上些什么东西，做得很别致，大家觉得我做得不一般。我就是把一般的变得很不一般，追求别致、与众不同。

另外就是要认真，我非常认真，不允许有一丝偏差。我经常有两套到三套设计方案拿出来，和编辑、作者探讨。也有过自己满意的得不到认可，很懊恼，但是我会找自己的原因，重新再做。认真和坚持吧。

韩湛宁：您在生活中是一个随和的人吧？

范一辛：我很随和，以前对孩子都很宽松，很多东西不学也没有关系的，但是对做人要求很严格。讲一个小故事：记得一次给钱让女儿买西瓜，结果女儿西瓜没有买到，钱被人骗了，女儿很担心，回家怕大人骂，结果我没有骂，我说："没关系，就当付学费了。"

韩湛宁：现在可以好好休息啊，您的退休生活呢？

范一辛：我喜欢听音乐、摄影，也写字，喜欢音乐，一面画一面听音乐，从黑胶唱片到卡带到 CD 我都喜欢。喜欢前卫、时髦的东西。现在嘛，喜欢喝点黄酒。没有什么特别的要求，我比较随意。

韩湛宁：其实您是一个要求很高的，不仅对书籍设计和绘画，也是对生活要求很高的人。我看您年轻时的照片，穿着西装，很洋气，现在也很讲究，您现在的夹克、贝雷帽，也很时尚，也很海派啊。

范一辛：哈哈，他们说我是"老克腊"。上海文艺社的陆展伟说，范一辛是淮海路上的"老克腊"。

韩湛宁：您是有老上海的味道啊。谢谢您。

33

34

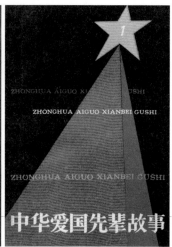

35

36

37

38

39

40

范一辛作品

44

45

46

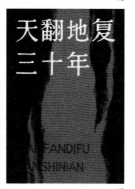

47

48

49

50

51

52

范一辛作品

国际交流

对『想与像』的探索
——记「纸的想—像之路」韩、中、日三国平面设计师邀请展

Book Design

刘晓翔

中国出版协会装帧艺术委员会常委

高等教育出版社编审

首席美术编辑

主要奖项

第五届、第六届全国书籍装帧艺术展金奖

第七届全国书籍设计艺术展最佳设计奖

第一届中国出版政府奖装帧设计提名奖

2005 年、2006 年、2008 年、2009 年、2011 年度"中国最美的书"奖

2010 年度莱比锡"世界最美的书"奖

2012 年度莱比锡"世界最美的书"奖

2012 年 5 月 7 日，由韩国体育文化观光部亚洲文化中心城市委员会主办、韩国艺术综合大学亚洲文化设计研究所承办、韩国斗星纸业（株）协办"纸的想—像之路"韩、中、日三国平面设计师邀请展在韩国首尔举行。本次展览是韩国"2012 亚洲文化周"的一部分。中国参展设计师组团参加了本次活动的论坛与开幕式。

本次展示交流活动旨在通过纸张媒介建立东亚的设计文化交流网，通过展览及讲座寻找亚洲设计文化的同质性和东亚设计研究的共同点，初步建立亚洲设计文化圈沟通互动的平台。

本次展览分为海报、书籍、纸艺（概念书）以及日本竹尾纸业百年海报收藏展四个部分，5 月 4 日在首尔艺术殿堂开幕并展览至 5 月 21 日，之后巡回展于光州国立亚洲文化殿堂（2012 年 8 月 18—26 日）、国立韩国艺术综合学校美术馆（2012 年 9 月中旬）。在韩国展览结束后有望在中国展出。

在本次活动艺术总监金炅均教授主持下，他们就纸文化为发端从多个方面进行了充分探讨。参加论坛的有来自中国香港的著名设计家、教育家、原汕头大学长江艺术与设计学院院长靳埭强先生，清华大学美术学院教授、中国出版协会装帧艺术工作委员会副主任吕敬人先生；日本编辑学家松冈正刚先生，日本著名设计家原研哉、中垣信夫先生；还有来自东道主韩国的文化产业观光部部长李御宁先生，韩国著名设计家郑丙圭、金景先先生。本文从此次论坛主讲嘉宾的观点中择取主要部分以飨读者。

一、纸张作为媒介物的特点和纸张自身的进化史，历史上文人对于纸张的不同看法，纸张与电子载体是一种什么样的关系

李御宁：

我自己要讲一下我作为知识分子的纸张之旅，知识分子的纸张之旅有三个问题。孔子对我们东方人是非常重要的，

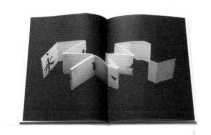

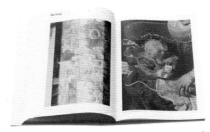

1~6 介绍本次展览的书
7 本次展览的请束设计

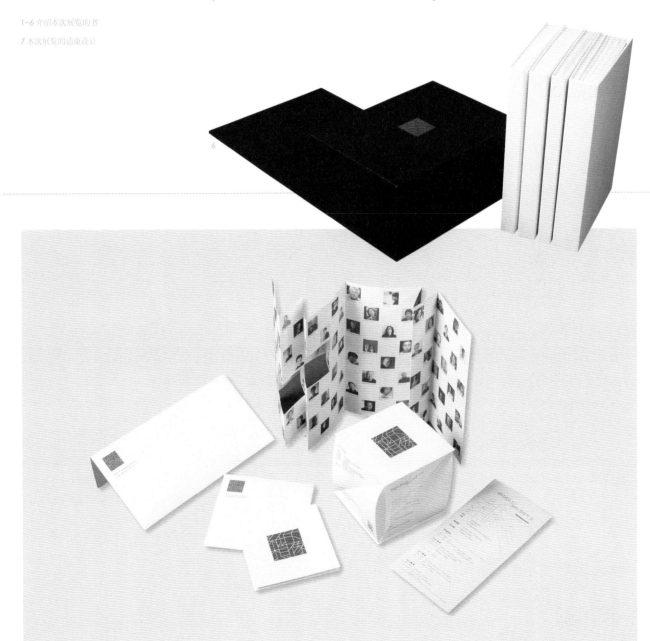

15

16

8 开幕式

9 松冈正刚［日］

10 松冈正刚［日］、吕敬人［中国大陆］

11 靳埭强［中国香港］

12 金炅均［韩国］

13 靳埭强［中国香港］、原研哉［日］

14 中国设计代表团与靳埭强、原研哉合影

15.16 概念书

他把知识分子分为三个层次：知之者、好知者和乐知者。
"知之者不如好知者，好知者不如乐知者。"纸张也是这样
的，纸张从知之开始，是通往知识的道路，这是纸张的知
之者。作为知之者的纸张不仅出现在东亚，也出现在非洲
的埃及和欧洲的希腊。知之者喜欢记录，比如埃及人用纸
莎草，希腊人用羊皮纸。

随着纸张的发展出现了纸张的好知者，好知者非常喜欢纸
张，纸被发明出来以后，逐渐代替了纸莎草和羊皮纸。因
为从植物中提炼出纤维质而加工成的纸张，在永续性、保
存性上，从知识分子的立场来看，在他们追求理想境界的
时候，纸张显然更有效率。纸张起源于东方中国，传播到
韩国逐渐形成具有高丽气质的纸张，再通过战争也就是被
俘获的士兵把这个发明传播到西欧。

纸张的乐知者发明了各种各样的纸，这些纸张改变了我们
的生活，并且，这种发明还将延续下去。

我们知识分子所追求的是作为纸张的知之者、好知者、乐
知者的知识的历史，也就是纸张的历史。由于纸张的历史
是一脉相承的，这是我们今天要谈论的最重要的一点。

对于知识分子而言，最重要的就是把话语转换为文字。如
果没有话语，没有语言，也就不需要纸张这样的记录工具
了。我们面对面交流，可以动用身体的语言，但是当我在
书房里写作的时候，就是用纸张记录我的思想和观念。古
希腊时，知识分子是不太需要纸张的，因为他们觉得说比
写重要。这其中的一个原因是由埃及传到希腊的纸莎草不
能够长期保存，在埃及可以，因为气候干燥，希腊则不行，
在希腊纸莎草特别容易腐烂。因此，包括苏格拉底、柏拉
图等都认为文字才是重要的，书写不重要，书写的工作由
官僚来作，他们只说就可以了。知识分子说话好比人的呼
吸，人不呼吸就会死，知识分子不说话也等于死。

但是纸张发明之后，知识分子改变了这一看法，因为知识
可以通过纸张、通过印刷来广泛流传，这就是 21 世纪之前
印刷时代的传播方式。现在有所不同，我们可以通过互联
网聊天、交流，记录人的思想轨迹的媒介不一定是纸张了。
纸张做成的书籍可以一页一页地翻动，页的概念来源与羊
皮纸有关。把整张的羊皮或其他动物皮经过拉伸后平整地
钉在木板上，这就是页。它完全不同于用卷轴来读书的方
式，比卷轴方式更便捷，页的概念相对于卷轴是一个变化
的过程。这个过程就像现在的摄影用数码取代胶卷一样。

现在，在电子阅读器上，页的概念正在被模糊化，这也是一个变化过程。

吕敬人：
在今天这样一个信息时代里，电子载体与传统书籍是共存的，我觉得它们之间没有什么可比性，不存在谁好谁坏的问题。其实电子载体的出现反而为传统书籍提供了一面镜子。

杉浦老师曾经讲到，一张 0.1 毫米的纸通过折叠再折叠，以推理的方法折 20 回，可达到 100 米的高度。若折叠 42 回，可达到 385 000 千米，是月球到地球的距离。如果再折到 51 回则为 150 000 000 千米，是地球到太阳的距离，这是人们无法想象的厚度。我想那就是多少智者把他们的智慧集结在一起的厚度，是文明的厚度，是知性的厚度。

二、中日韩三国怎样看待汉字文化圈，什么是亚洲的视角，为什么要在全球化的语境下坚持亚洲的视角

松冈正刚：
我先讲一下奈良。奈良有 1300 年历史，来首尔之后所想到的就是，首尔的许多要素可以和奈良相比，中国的北京也是这样。亚洲有几条文明之路，亚洲沿着这几条文明之路相连接，现在大家知道有二十几条这样的路，经首尔到达奈良，除丝绸之路外还有面条之路，日本人非常爱吃面条，面条的口感虽然不同但都是细长的。日本是文明的终点站，中国文明经首尔传到日本。日本人懂得接受，日本的大部分文明是来自外部的。但日本在接受过程中有变化，禅宗产生了日本的庭院文化，中国的庭院茂密，规模大，而日本的庭院在沙子上放几块石头就足够了，这就是说文明在传接过程中出现了变化。我们在想亚洲文化的时候，都经历了不同变化的历史。韩国有韩国的纸张，不同的民族有不同的风土人情。

我们都属于汉字文化圈，中国的汉字，日本的片假名、平假名以及韩国的韩文，虽然都属于汉字文化圈，但是都有不同的汉字。在这变化的时代，三国的编辑设计或涉及编辑方面需要我们一起合作，并且在这方面有很大的潜力。

金炅均：
中垣信夫先生，您大学毕业后就在杉浦康平工作室工作，然后到德国深造再返回日本。在德国您是怎样分析或看待东方或者是日本的设计的？在当时，西方的设计优于东方，我们应该向它们学习，很多人都抱有这样的观点。直到现在还有很多年轻人非常地追求或者是高估西方的编辑和设计，请您讲一下我们东方的设计应该是怎么样的。

中垣信夫：
我大学毕业后在杉浦老师的工作室工作了 10 年。我年轻的时候受他的影响非常大，比如说杉浦老师留胡须，那我们也留胡须。杉浦老师到德国的乌尔姆造型大学当教授之后，他在日本的工作室就不再经营了。因此我就没有了工作，也就跟着他到德国。他是教授，我是学生。在我的眼里西方太绚烂了，什么都好于我们，文化、社会环境、住房条件……我当时就想一定要向德国学习，深入地研究德国文化，这可能是因为我当时比较年轻吧。

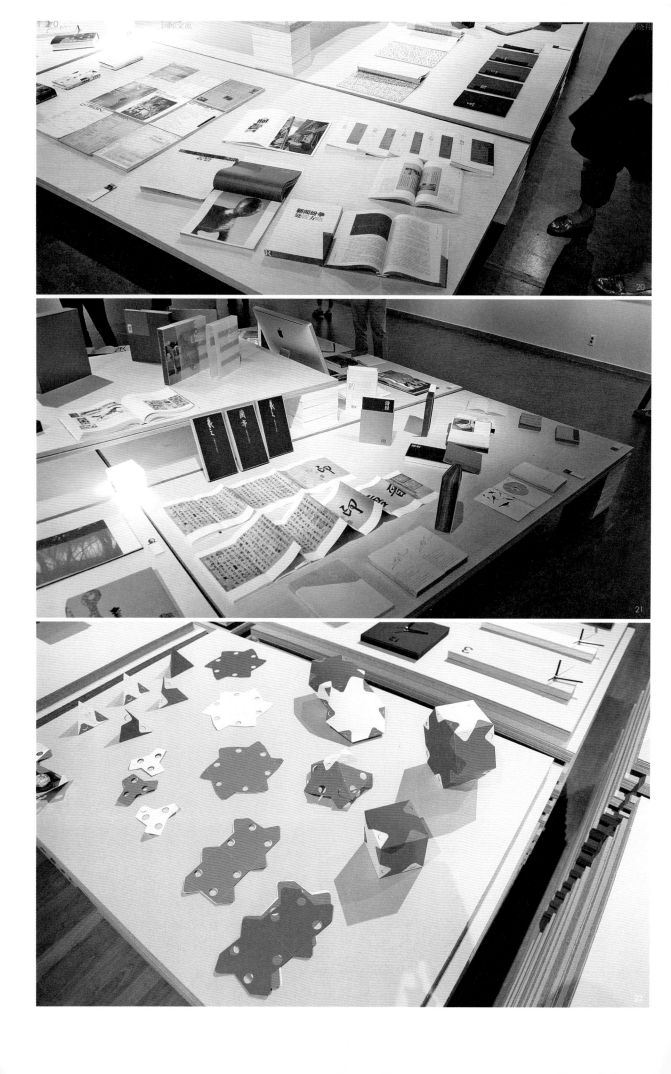

20～22 展场一隅

杉浦老师年龄比我大，比较成熟，因此他虽然关注德国和欧洲的设计，积极地向西方学习，但是更注重东方的文化传统、东方的设计，他意识到自己作为日本人的身份认同。作为一个东方人，即使对西方文化认识再深，也不能把它照搬移植到东方。因此杉浦老师一回国就宣布他要转变他的设计观念，要看东方。在那以后，杉浦老师一直关注东方的日本、中国、韩国、印度的文化传统，创造出具有东方认同感的设计。

作为日本人，我们一直有这样的传统，也就是无论向哪些文明学习都不会依样画葫芦，我们根据日本的特点来接受这些文明。

三、对于设计、编辑的理解

松冈正刚：

纸张不仅让人类在上面书写，纸张或书是在对人类进行规范，我把笔丢在地板上再捡起来的话我要弯腰，在这个讲台上我要注意形象，这和坐在下边不同。

我的工作就是研究编辑工学。什么是设计，设计是人类针对空间进行的工作，那就是在空间里面创造一个设计，而现在纸张上的创造——设计不应该被毁灭。受网络虚拟空间的影响，电脑上的设计一点就出来了，再一点就会消失，而纸张上的设计是固定不变的。编辑的含义是什么呢，那就是随着内涵的变化编辑也在变化。前天的报纸和今天的报纸框架是相同的，内部却是不同的，把内容固定在空间里就是设计。设计是预测变化的形势或形态，把潜意识的、隐藏着的、看不见的东西拿出来，让它们更为显见，对它

们进行造型。编辑也有这样的要素，但编辑是把人类历史中曾经出现的信息或者作品按工学、方程式等人类一切的文明成果进行组装再进行减法，减法后再进行组装。用一句话来说，就是不断地创造新的组合、创造新的关系。

把一张纸沿对角线折叠，如果前面有罗马帝国，后面有暹罗王朝的话，两个地方的风土人情截然不同，但是经过我们的编辑工作可以让这两个不同的文明相逢，编辑就是借助我们的勇气再创造的过程，这是编辑的第二个特点。编辑的第三个特点就是创造新的动态，那就是先让情况变得不确定。在确定的事物中产生不确定性，让它们处于变化状态。我常常使用这样的法则来编辑和设计，这是编辑和设计工作要手拉手合作的时代。

设计对空间的利用可以发挥影响力。我们作为设计师、摄影师等，对编辑设计或者设计编辑更为关注。我觉得在这个方面最有潜力的是包括韩、日、中三国的亚洲地区，现在的经济水平促使我们在文化上要作更大的奉献。

四、书籍的"界"在哪里

松冈正刚：

我们的纸张为什么是方形，纸张和"界"都是方形，因为这是相连接的，为了区分我们找到了方形，这就是"界"。世界就是上有天堂，但是地上都要划分出"界"，也就是国界。日本的书、韩国的书、中国的书都一样，都是方形，也是成为一种"界"。首尔和长安都是被划分，都有种区域，这在1500年前就已经被固定住了。区域的意思也包含方形，这方形的区域也存在于我们的纸文化中。

23.24 新塘强和韩国书法家章章表顷
在展览开幕式上共同挥毫
25.26 融合的太极长卷及观众留名

中垣信夫：

我非常沉溺于松冈先生所讲的内容，听了他的关于"界"的想法，我甚至担心有一天纸张会不会脱离方形，为了我们的编辑和设计，让纸张继续成方形吧。

纸张的方形横竖具有一定的含义，这个方形无论你横向折叠还是纵向折叠也还是方形，也就是说可以呈现完全相同的形。

金炅均：

松冈正刚和中垣信夫先生都谈到了"界"这个方形，纸也是方形的，也存在"界"，这样就使我们在编辑或设计的时候有了一个框架。我们在计算机上操作的时候面对的屏幕也有一个框架，我们的"界"是计算机屏幕。

吕敬人先生的设计已经超越了方形这样的框架，您强调内在的设计，强调立体的、有悟性、有质感的设计。所以我请您介绍一下对我们形成约束的这个"界"，也就是设计师如何超越它，在这个方面想与像是一种什么样的关系，您的工作中有哪些超越，请介绍一下。

吕敬人：

松冈先生已经说过了关于书的方形的问题，也就是"界"的问题。"界"就是一个有限的范围，界有两个含义，一个是它分出了层次，也就是天地、阴阳、东西，更多的我想就是有限和无限。这就是为什么方形作为书籍的形态。今天我们的主题包含想和像，我想象就是看得见的东西，它是一种存在，一种有形的东西，它是有界限的。而想，就是要超越界限，达到无限，去想象那些可以带来更多思考和审美的设计。

在我所从事的工作中，我主要从事书籍设计，我们知道书籍设计往往受制于文本，文本就是由著作者提供的信息的基本构成。松冈先生谈了关于编辑设计的很重要的观念，这也是我在自己的设计中体会最深的、收获最大的、最有价值的部分，也就是编辑工学、编辑设计。因为我们过去一直强调的是美，追求外在的好看。在编辑设计中，我们追求的是信息怎样传达与人们如何接收，是一个享受信息、享受知识的过程。

因此，我们应该注重的是信息、知识编辑的方法论。而这

个方法论正是松冈先生所说的，在编辑设计中应该掌握的对于空间的设计。把那些潜在的、隐藏的东西能够通过编辑设计挖掘出来，让它感动读者。所以作为一个设计者，要在变化当中寻找变化，不断地创造新的组合关系，这是编辑设计当中一个很重要的理念。

我曾经在杉浦康平先生那里学习，学到的不仅仅是设计，还有对知识的理解，对信息的分析和梳理，然后逐次进行编辑，最后形成一个能够让人愉悦的接受信息、享受信息所带来的快感的过程。

金教授讲到在我的书籍设计当中，如何突破有限空间，那我想这主要不是它的外形，而是找到它内在的信息传递方式。在我的设计中，这种方法论给我以很多的启迪。

金炅均：

和注重外在的美相比，吕老师更注重编辑设计与信息传递，更注重让人用五官来感受到设计，他为我们设计出了永垂东方设计史的图书。他强调超越"界"这个有限的东西而达到无限，这就是我们书籍设计的核心：编辑设计。

原研哉、郑丙圭、靳埭强先生也作了精彩的演讲，篇幅所限，不再赘述。

本次展览开幕式别具一格，简洁大气。由韩国著名书法家章秉寅和靳埭强先生在近二十米的长幅白纸上用韩文和汉字写出一个"道"，并自左右往中间书写，最后两笔交错形成一个太极图形，一个象征东方理念的符号。在场嘉宾和观众纷纷在上面签名，表达对此次活动主办方、协办方以及东亚设计的未来的祈福与祝愿。

展场和展台的设计也颇富创意，简约而洗练。书籍部分的展台非常巨大，分为两层，上层展示不可翻阅书籍，下层则是可以翻阅的书籍。展台用不加任何修饰与裁切的原色复合木板直接落在白书上，书籍裸露展出，没有玻璃罩。在展台的两端分别放有一台苹果电脑，滚动播放这一侧所展示书籍的翻阅效果。纸艺部分的展台干脆就是荷兰板层层叠加而成，诠释了本次展览交流的主题"纸的想一像"。

地点 奥芬巴赫市 克林斯波博物馆
Klingspor-Museum Offenbach
Herrnstraße 80 (Südflügel des Büsing Palais)
63061 Offenbach am Main
时间 2012年4月20日
至6月10日

書韵華魂感動德國

「韵——吕敬人书籍设计艺术展」
在德国克林斯波博物馆隆重举行

Delikat:
Lu Jingren. Buchdesign

敬人书籍设计
Jingren Art Design
20/4-10/6/2012

26/4 7:00pm Eröffnung
2012年4月26日
下午7:00 克林斯波博物馆

黎　文

这是莱茵河宁静贯穿而过的一座古城，河中的天鹅把水中的蓝天绿荫蘸画出西方古籍装裱封面常见的纸涟漪花纹。这里是以收藏字体设计和书籍艺术作品闻名于世的克林斯波博物馆，一座18世纪新巴洛克风格布吕斯因皇家宫殿的所在地——德国奥芬巴赫市。过去几个世纪，这里曾是德国印刷业最兴盛的城市，云集了大批字体设计师、书籍设计家和出版印刷所而闻名于欧洲，德国的许多新字体多数出自奥芬巴赫字体设计家之手。奥芬巴赫艺术设计学院同样拥有百年历史，这里曾经是培养欧洲工艺美术师的温床，今天是平面设计教学质量在德国首屈一指的艺术大学。

2012年4月20日到6月10日，克林斯波博物馆隆重举行"韵——吕敬人书籍设计艺术展"，这是该馆第一次展出中国近代设计家的作品。吕敬人也是中国第一位在国外举办

个展的书籍设计家。

2012年4月26日晚，奥芬巴赫市市长代表、中华人民共和国驻法兰克福领事馆领事、法兰克福实用艺术博物馆馆长、奥芬巴赫艺术设计学院院长克劳斯·海瑟教授和德国许多著名设计家如乌维·勒斯（Uwe Loesch）、克里斯托·加斯纳 (Christo phGassner)、汉斯·希尔曼 (Hans Hillman)、乌塔·施耐德（Uta Schneider) 等和学者出席了展览开幕式。世界著名设计家乌维·勒斯教授专门为吕敬人的展览设计了海报。克林斯波博物馆馆长索泰克博士主持了开幕典礼与酒会。

展览展示了吕敬人在不同时期创作的一百多件有代表性的书籍设计、文学插图及文化海报作品，其中有表现中华文

LU JING
BUCHDE
20. APR
BIS 10. J
KLINGS
MUSEUM
OFFENB

3

4

5

6

化象征意义的《朱熹榜书千字文》《食物本草》《茶经》《酒经》有既承继传统又具现代审美精神的《怀袖雅物》《最后的皇朝》《华韵经典——中国 60 位已故词曲家》，有中国古老装帧形态再造的《中国大历史》《绘画五百罗汉》，也有富有探索概念的新编辑设计《怀珠雅集》《书戏》《翻开》《敬人书籍设计 2 号》，2009 年、2012 年两度获得莱比锡世界最美的书奖的《中国记忆》《剪纸的故事》再次与德国观众见面，展览提供了可以翻阅的展品。展览中还有吕敬人早期的水墨、版画、线描插图和近年为国际性展事设计的海报《书之五感》《妙法自然》等。

观众在宽敞典雅的展厅和柔和的灯光环境中诗意地享受东方书卷艺术。

《朱熹榜书千字文》仍是大家关注的设计，利用中国发明的印刷雕版形态与表达中华理学的千字文完美融合的创意，准确传达出传统与现代的中国文化语境。一些观众对《中国大历史》的装帧形态充满新奇，书箱的递进式、抽拉式和书籍创造性缀订法令他们驻足。对《黄河梦》经折装的木签翻阅形式不无兴趣，取自中国佛家诵经法的设计创意据说是吕敬人幼年感受外婆念佛的经历。有两位设计师夫妇一直在《中国舆图志》前翻阅了足足半个小时，其中的编辑设计和信息图表设计概念的灌入一定引发了他们的好

20

"五感的创造者" ——《法兰克福汇报》2012年4月27日专栏文章

位于奥芬巴赫的克林斯波博物馆举办了一场书籍设计师吕敬人的个人书籍设计作品展；他将中国主题与国际化的形式语言完美结合了起来。

吕敬人钟爱他所设计的书籍的纸张，它们可以被双手触摸。书页翻过时感受到微风拂过，指尖滑过丝质的书背，嗅到木头散发出来的浓郁香气，除此以外，他还为一本极富价值的书籍制作了带有纹饰的木函。这个来自中国的书籍艺术家是五感的创造者。

尽管是这样的一位设计师，吕敬人仍然袒露对新技术发展的兴趣，并指出电子媒体在他的工作中的益处。"如果有机会，我会尝试为电子书作设计。"伴随着多位著名设计师的参与，"韵——吕敬人书籍设计艺术展"于今日19点在奥芬巴赫的克林斯波博物馆开幕。

昨日吕敬人在克林斯波博物馆检视了展示的构造与布局，绝大多数参展作品来自于1998年在北京成立的敬人设计工作室。这几天，他还在临近的奥芬巴赫艺术设计学院举办了为期3日的设计工坊，与学生们一起讨论"书籍制作"这个主题，此次展览和工坊属于"阅读的未来"系列展览的一部分，由奥芬巴赫艺术设计学院与克林斯波博物馆，以及《HR2文化》广播节目一同合作举办，展览一直持续到6月下旬。

在克林斯波博物馆的展厅和陈列室里，人们可以亲眼目睹到体积庞大的书册，这些均是吕敬人最具代表性的作品。其中，设计师将一本

《朱熹榜书千字文》的作品设计成了一个"大型的研究场（伟大的学习）"。这是一本理学家作者的书，如博物馆馆长史蒂芬·索泰克所阐释的，此书囊括的一千个文字是中国书面语言的基础，是一本直至20世纪仍为国民而用的教科书。这本吕敬人以装饰雕刻的木质夹板装形式设计书为克林斯波博物馆所收藏。"五百罗汉"是另一套大幅面的书籍，它以卷轴的形式被展示出来，吕敬人特意为这个卷轴制作了圆拱形木函。

索泰克馆长确实感受到吕敬人作品中散发出的东方魅力，它们结合了中国传统文化与来自国际语言的设计元素。正如奥芬巴赫设计学院教授概念设计的克劳斯·海瑟所言，尽管在中国有许多艺术家都在追溯他们的文化并全神贯注地去探索，但是吕敬人的作品无疑在现代的设计形式上扮演了重要的角色。海瑟教授着重指出展品正如"敬人书籍设计2号"所描述的工作和目录一样，一个高度艺术化的极富创造性和专业性的个人作品集被展示出来。

吕敬人，1947年生于上海，曾师从于优秀的书籍设计师杉浦康平，其于20世纪60年代在乌尔姆设计学院任教。奥芬巴赫学院也一直仰赖该校的艺术传统。因为对书籍的喜爱而不令人感到惊讶的是，吕敬人正如德国著名的设计师汉斯·威特·威尔伯格¹一样，他们都将书视为一个"感官享受的事物"。"尽管电子媒体不会使书籍消失，但是一书远胜于字母的堆积。"吕敬人说。

叶超 译

1 汉斯·皮特·威尔伯格，德国版式设计师、插图画家、书籍设计师、讲师和作家。他被认为是战后德国最重要的书籍设计师之一。

21

22

23

24

奇心。一群年轻人则对《书戏》《剪纸的故事》展开热烈的讨论，对于与他们心目中的中国书籍印象完全不同的前卫概念设计，找到了可以沟通的某种共鸣，并希望能买到这些喜爱的书。一位设计家对《书戏》海报中引用"翻花绳"的创意向吕敬人问询，听了"翻花绳"作为设计师对书籍的文本解读后注入个性发挥和信息再造的假借比喻，他立刻领会说："任何一个设计师的创意都应像翻花绳那样有独到的想法，拥有自己独立的舞台。"观众在展品前细细观赏，长时间悉心翻阅，不断提出问题，纷纷留下感言：

"极好的想法＋绝妙的设计，十分感谢！感谢如此惊叹的书籍。"

"中国，美妙！世界的范例！"

"您做了一件伟大的工作！感谢！"

"一个中国文化和书籍设计，令人惊叹的世界性的展览。衷心感谢！"

"伟大的作品，伟大的艺术。"

他们由衷地表达了感谢之意，盛赞中国书籍艺术带来的满足感和阅读的享受。

法兰克福报纸在开幕的当天进行了专题报道，称吕敬人书籍设计艺术的民族性和当代性给西方观众留下了深刻印象，对其书籍设计具有的浓厚的中国文化特征给予了高度评价。

吕敬人在德国克林斯波博物馆举行个展之际，还受奥芬巴赫艺术设计学院院长之邀，在该院举办设计工坊，讲授书籍编辑设计和东方装帧技法。德国同学和部分中国留学生参与了课程学习。通过在莱茵河畔水书东西方文字和图形符号，将其转换成信息载体的纸面并进行对折、翻折、滚折、风琴折四种方式的折页，注入文本和编辑，设计成完整的书籍信息载体，最后借鉴中国东方的缀钉手段装帧出一本有主题概念的书籍。同学们认真的态度、热情、积极的投入和富有个性的创想力，以及完善的学校实验工房硬件设备配合，一本本出人意表、中西合璧的书诞生了。

"韵——吕敬人书籍设计艺术展"向世界传递出历史悠久的中华书籍艺术的魅力，也反映了吕敬人一直坚持"承其魂、拓其体"的设计理想和"不摹古，饱浸东方韵味；不拟洋，焕发时代精神"的设计探索与追求。他专注于为实现东方高雅书卷气韵和革新现代书籍设计理念的不懈努力，赢得不同文化背景读者的欣赏与认同。书韵华魂感动德国，他的作品展现了中国当代书籍设计师崭新的风貌。

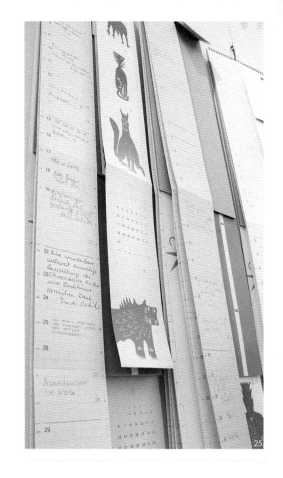

评鉴与解读

无设计中有设计：
解析松田行正的《funktion》

刘晓翔

文：米泽敬　摄影：佐佐木光
出版：牛若丸
书籍设计：松田行正
印张：7.5
开本：1/16
成品尺寸：144mm×240mm
装帧：纸面精装加护封
ISBN：4-434-02600-3
定价：2800日元+税

这些见证过生命诞生或死亡的手术器械无声地躺在那里，随着医疗技术的进步和器械本身使用寿命的完结，它已经锈迹斑斑。就这样让它们默默地离去吗？

或许，在我们当下的"公共"语境里，这些陈旧的、破损的手术器械已经没有"价值"，只剩下作为废品回收后"回炉"的价格了。新的、充满物质诱惑感的事物才能吸引我们的眼球。于是，承载先人生活印记的"陈街陋巷"成片地消失，代之以千城一貌的高楼大厦和"圆环套圆环"娱乐城式的面子上的浮华。抹去的记忆很难重现。编镐人类自身又是生活在自己历史文化中的物种，离开它，我之所以为我就成了最大的问题。

让这些冰冷的手术器械传达出人文关怀和"设计的善意"，展现它们曾经的美与辉煌，留住时代的微痕。这，正是松田行正的《funktion》。

护封极简单，为没有配置任何主题图形的墨绿色。采用具有皮肤质感的纸张在上到下对折后，再以右下角为起点向上呈15°角反折，形成锋利的刀刃的意象。它又酷似被刀切开的皮肤，准确传递出本书的文本信息。似乎是没有"设计"，却是经过深思熟虑的刻意"设计"，造成一种心理与生理的感应。

护封的内侧经过严密的信息梳理而设计了"外科手术、医学、生理学史"简表，详尽而有序地编辑了文本的主要构成，贯穿全书始终。

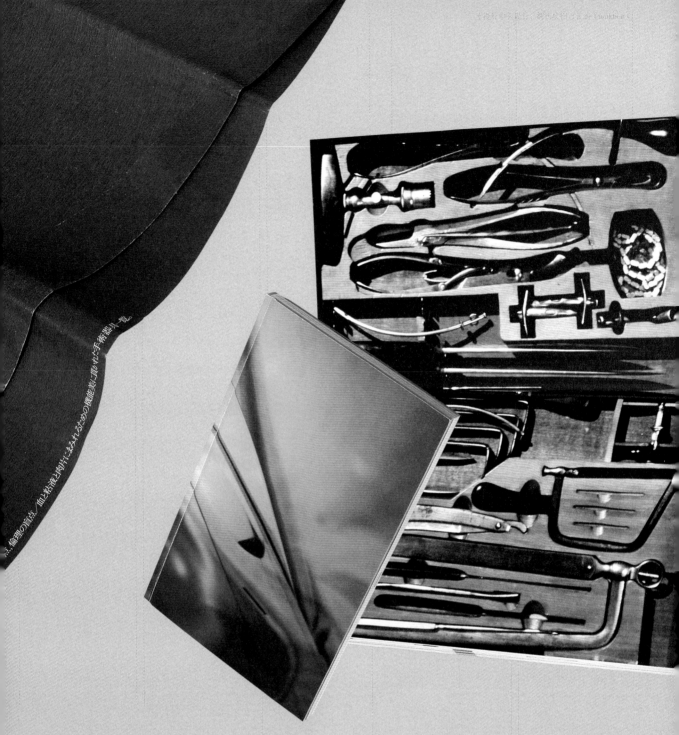

翻开护封，可以看出设计者对书籍内部的全方位投入。饶有趣味的是松田行正经常在书籍第二次印刷时"整体"更换色彩。就本书而言，我就至少见到过标色、墨绿色、铁灰色三种不同色调，他的《零》更有七八种之多的颜色。

色彩斑斓的封面让我们重温这些器械昔日的"辉煌"，和朴素的护封形成鲜明对比。松田让这些器械沐浴在波光幻影之中。环衬是黑白的设计，这由平淡到辉煌而后复归于平淡的历程，不正是生命形态的完美写照吗？

文本被松田行正设计为两个不同材质的部分。它们这番出现，既有形态、内容上的不同，又有逻辑上的紧密联系。体现了以实用为主的功能美。

能够充分表现器物层次的铜版纸被用来展示手术器械质感。每个页面的下方都有有关于这件手术器械的说明、具体到使用年代、实际用途等详细信息。

手术器械的拍摄角度有全景式的整体描绘（如原书p30产科钳子、原书p31胃肠缝合器），也有近景式的局部特写（如原书p106脏器穿刺针、原书p107开创器）。丰富的图像语言将读者引向这些器械的临床使用想象：看到的病痛、伦理上的盲点、血和黏液及在肉体上使用这些器械的机能美……

在日本有各种为各种客户提供插图、摄影等项目服务的专业工作室。他们具有非常专业和明确的定位。书籍设计师不需要，也不可能做到事必亲为，只需要影像导演

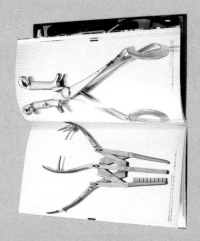

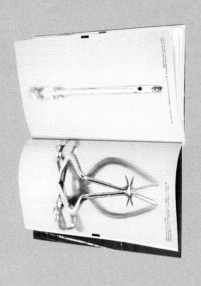

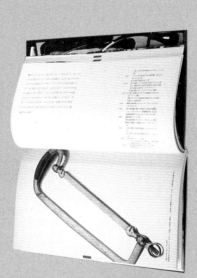

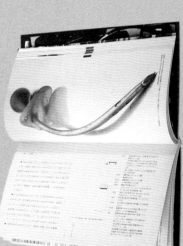

一样调动所需要素，进行素材筛选，找到符合自己要求的表现形式就足够了。这种不求大而全的精细分工难道不正是职业精神的体现吗？由此，编辑工学诞生在东瀛之岛也就是情理之中的事了。

国内某著名出版社由于设计师对图像提出较高要求（只是一种责任，仅想让出版物看上去别大像盗版而已），竟然被出版社的4个分社联名告了，理由是：新要求我们不适应，没必要把出版物搞成高科技的航天技术！作为出版人，对人家早已达到的水平视而不见。面对读者，想到的只有经营指标而不对自己制造垃圾和起码的职业素质产生一丝愧疚。……

手术器械图像所用的铜版纸和文字使用的轻型纸是以互相套锁的方式锁线装订的，文本穿插出现在图像中间，生动而和善。这样做形成了每8页更换一种材质的视觉、触觉效果。文本结构得以明晰解读。文字设计成与护封相同的颜色，柔和、温暖又亲切。除前言和后记外，占文字版面1/2的大空间被松田行正特意开辟为"外科手术、医学、生理学……"表，记载了从公元前4300年（原书p17开始）到公元2001年（原书p104结束）医学发展的重要节点和医疗器械的演变过程。对于产生过重要影响的器械则附有矢量图形，既丰富了设计语言又使我们看到这些器械的形态结构，使读者能够更明了地记忆。松田行正用编辑设计语汇表达了他对医学进化的深厚敬意和严谨的学术态度。

联想到惨不忍睹的手术场面，血淋淋的手术器具竟然在设计者的经营下，使读者能毫无恐惧感地接受时，

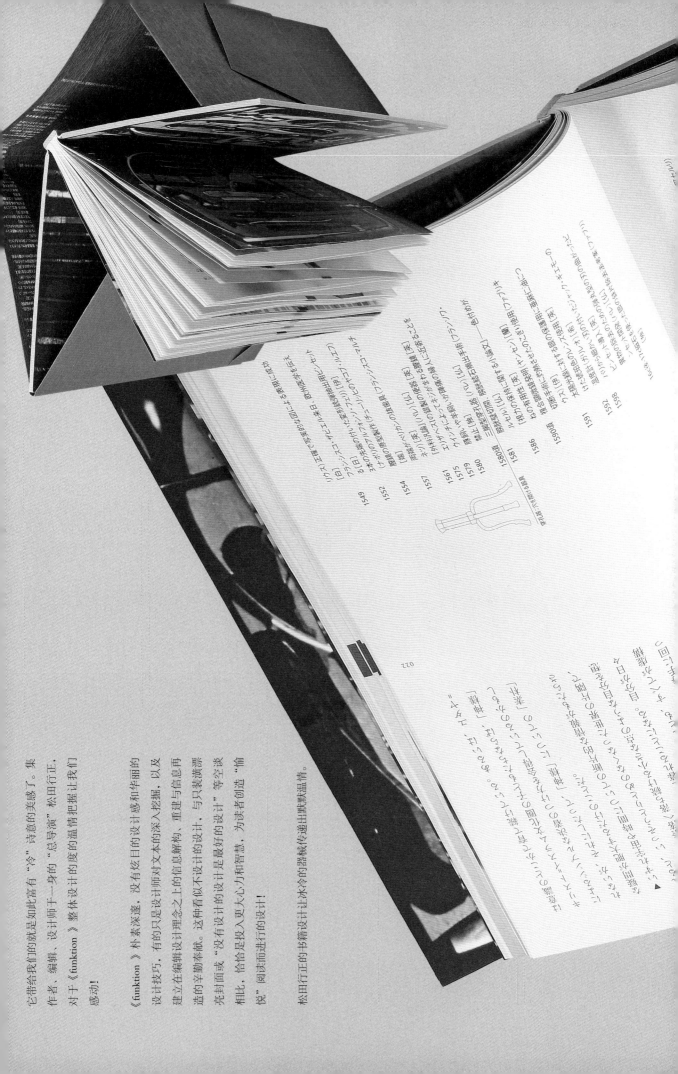

它带给我们的就是如此富有"冷"诗意的美感了。集作者、编辑、设计师于一身的"总导演"松田行正，对于《funktion》整体设计的度的温度的把握让我们感动!

《funktion》朴素深邃，没有炫目的设计感和华丽的设计技巧，有的只是设计师对文本的深入挖掘，以及建立在编辑设计理念之上的信息解构，重建与信息再造的辛勤奉献。这种看似不设计的设计，与只装潢漂亮封面或"没有设计的设计是最好的设计"等空谈相比，恰恰是投入更大心力和智慧，为读者创造"愉悦"阅读而进行的设计!

松田行正的书籍设计让冰冷的器械传递出默默温情。

符晓笛

《书籍设计》特约记者

符晓笛

1979 年考入解放军艺术学院美术系

1983 年毕业留校

1986 年任解放军出版社美术编辑

2001 年任晓笛设计工作室艺术总监

中国出版工作者协会装帧艺术工作委员会副主任兼秘书长

中国美术家协会会员

1

2

符晓笛，他的作品透着豪放与大气，因为他是名军人；每做一项工作，实实在在，雷厉风行，因为他曾经是名军人；他参与许多学术活动的组织工作，言行一致，顾全大局，因为他曾经是名优秀的军人。他毕业于中国人民解放军艺术学院美术系，学油画出身，曾任职于解放军出版社，从事摄影记者、美术编辑、书籍设计等工作，2002 年任北京新思维艺林设计中心艺术总监。与晓笛接触的机会是在第五、第六届全国书籍设计大展的组织工作中，那时身着军装的晓笛英俊威武，实足一个美男子，虽话语不多，却句句落地有声。相比之下，我们这些"地方军"容易各怀心思，步伐不一，议而不决，决而不行，总是显得那么涣散。我喜欢和晓笛一起工作，做事有男人味儿。

晓笛设计的书大多数是军事题材的教辅读物，局限性较大，特别要顾及部队受众的阅读审美，这对于富有个性的设计者来说有很大的难度。对于军人来说，上级说向右，你甭朝左，服从命令是天职，但作为指挥者更应突破拘囿，出其不意才显谋略的天赋，这也许正是晓笛设计成功的秘诀。

2007 年评出的 22 本中国最美的书中，有两本由部队出版社出版的书均出自符晓笛的设计。《说什么 怎么说》的函套、封面、内页中的视觉符号是大小不一的汉字"口"字组成的一进一出，黑白虚实的图像贯穿于书的内外，设计者巧妙地将成语"病从口入"、"祸

3

4

5

从口出" 的意味潜意识地视觉化，象征性传达了该书
的主题。档案袋式的函套和纵横交错的缝纫线更被赋
予深刻的含义，让读者产生诸多联想。全书注重整体
设计理念的把握，语境调子质朴内敛，原色白纸上只
印一色，不张扬却具张力，既传统亦现代。另一本获
奖作品《铁观音》有异曲同工之妙。

今天的晓笛已卸去戎装，成立了专业的设计工作室，
设计的领域也在拓展，并利用工作室资源无偿为版协
装帧艺委会默默做着大量的工作。他认为设计者应不
断关注现代视觉艺术的新动向，力求将东西文化融会
贯通，做到传统与创新兼而有之，以满足时代大潮中
多层次群体的阅读体验和审美趣味。美的书需要设计
师具有美的意识，更何况美男子乎！

1《傻子寓言》/ 书籍设计：符晓笛 + 舒刚卫

2《说什么 怎么说》/ 书籍设计：符晓笛 + 龙丹彤

3《刘洪彪文墨》/ 书籍设计：符晓笛 + 龙丹彤 / 荣获 2010 年中国最美的书

4《缤纷亚运》/ 书籍设计：符晓笛 + 龙丹彤

5《去过生活》/ 书籍设计：符晓笛 + 龙丹彤

6《水墨书法》/ 书籍设计：符晓笛 + 任毅

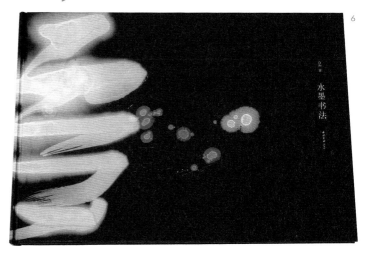

6

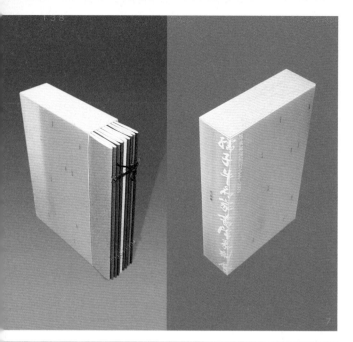

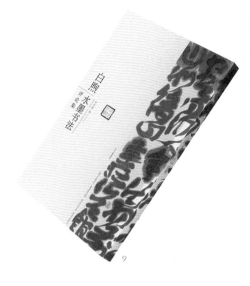

7《葆子牛名家书法篆刻展》/ 书籍设计：符晓笛 + 任毅
8《盛装书法》/ 书籍设计：符晓笛 + 龙丹彤
9《白煦水墨书法评论集》/ 书籍设计：符晓笛 + 任毅
10《限制是天才的磨刀石》/ 书籍设计：符晓笛 + 舒刚卫

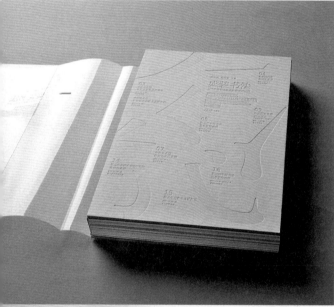

039

"纸的想—像之路"韩、中、日三国平面设计师邀请展

2012 年 5 月 7 日，由韩国体育文化观光部亚洲文化中心城市委员会主办、韩国艺术综合大学亚洲文化设计研究所承办、韩国斗星纸业（株）协办"纸的想—像之路"韩、中、日三国平面设计师邀请展在韩国首尔举行。本次展览是韩国"2012 亚洲文化周"的一部分。中国参展设计师组团参加了本次活动的论坛与开幕式。

本次展示交流活动旨在通过纸张媒介建立东亚的设计文化交流网，通过展览及讲座寻找亚洲设计文化的同质性和东亚设计研究的共同点，初步建立亚洲设计文化圈沟通互动的平台。

本次展览分为海报、书籍、纸艺（概念书）以及日本竹尾纸业百年海报收藏展四个部分，5 月 4 日在首尔艺术殿堂开幕并展览至 5 月 21 日，之后巡回展于光州国立亚洲文化殿堂（2012 年 8 月 18—26 日），国立韩国艺术综合学校美术馆（2012 年 9 月中旬）。在韩国展览结束后有望在中国展出。

"敬人纸语"正式启动

"敬人纸语"将是国内第一家尝试集纸品展示、工艺实验、商业营销、艺术展览、学术交流等为一体的推广纸张文化的专业机构，并建立系统的信息资讯网络平台和完备的实体综合服务模式。通过以纸会友，以艺促技，以传承中华"天时、地气、材美、工巧"的文化理念，为中国创意产业作出一点微薄的贡献。"敬人纸语"将于 6 月 28 日启动，同时将举办"生命礼赞——赵希岗当代剪纸艺术展"，插图画家赵希岗以独特的造型语言创作出一幅幅与众不同的剪纸作品。地点在今日美术馆二十二院街。

"南腔北调——张慈中书籍艺术 60 年回顾展"在北京雅昌艺术中心举办

2012 年 3 月 24 日到 5 月 25 日，"南腔北调——张慈中书籍艺术 60 年回顾展"在北京雅昌艺术中心举办。展出作品设计时间从 20 世纪 50 年代到 21 世纪初，横跨 60 年。同时有多件珍贵手稿第一次与观众见面，展览为观众奉献了《红旗》《毛泽东选集》等许多"红色经典"。

"辛之装帧——曹辛之书刊设计原稿精品展"在文津雕版博物馆展出

由煮雨山房／姜寻工作室策划设计的本次展览展出装帧艺术家曹辛之设计原稿 50 幅。

曹辛之先生是诗人、书法家、书籍装帧艺术家，在 20 世纪 40 年代用杭约赫等笔名发表诗作，是九叶派诗人之一。他的装帧艺术刻意追求意境美、装帧美和韵律美，作品淡雅、明丽、清新、锦绣，有很浓的书卷气。

曹辛之，1917 年 10 月 29 日生于江苏宜兴，曾任人民美术出版社编审，中国出版工作者协会装帧艺术研究会会长。出版有《曹辛之装帧艺术》《篆刻集》《曲公印存》《曹辛之书法》等，他主持设计的《印度尼西亚共和国总统苏加诺藏画集》获得民主德国莱比锡书籍艺术博览会金奖。

吕敬人先生登上"文津讲坛"，为广大读者讲述中国书籍艺术的"春夏秋冬"

2012 年 5 月 20 日，著名书籍艺术家、清华大学美术学院教授、中国出版协会装帧艺术委员会副主任吕敬人先生登上国家图书馆"文津讲坛"，为广大读者和书籍艺术爱好者讲述书籍艺术的"春夏秋冬"。

讲座历时两个多小时，多层面、多维度详细讲述了中国当代书籍艺术的发展历程，即从装帧到书籍设计的必由之路。

讲座吸引了众多听众，受到热烈欢迎的同时引发了他们对于书籍设计的好奇心，即使讲座结束仍然不肯散去，纷纷向吕敬人先生提问并请他签名。

这是我国书籍艺术家首次登上该讲坛。

"现代中国装帧名家廿人展"举行

由深圳书城中心城主办，尚书吧、亚洲铜设计顾问承办的"现代中国装帧名家廿人展"于 2012 年 5 月 18—28 日举行。本次展览由著名策展人、设计家韩湛宁策划主持。展出了深圳尚书吧所珍藏书中的现代书籍装帧名家精品，是 1949-1999 年最重要的一批设计名家。在这些名家之中，既有大家耳熟能详的书籍装帧大师，诸如民国就成绩斐然的钱君匋，新中国成立后引领时代的曹辛之、张慈中、张守义、陶雪华、宁成春、吕敬人；也有被人们淡忘的，为新中国书籍艺术作出贡献的装帧大家，诸如任意、范一辛、柳成荫、马少展、钱月华、叶然、郑在勇、秦龙等；更有成就卓著的艺术大家黄永玉、袁运甫和教育家余秉楠；装帧史论家邱陵和出版大家范用。这些大家的作品承继了五四以来中国书籍艺术的设计风范，为 1949 年之后的中国出版事业贡献了一个光华璀璨的世界，亦为今天的书籍设计开辟了光辉的道路。

蓝天特纸
SKY PAPER
a particularly beautiful paper

旗下产品

 ucun 欧纯棉纸

 BOJUE 新伯爵

 高感竹丝纹

 OCA 欧纯典雅

 LINWEN 高感绵纹纸

新竹绵纹纸

OCA 尚感典雅

sundance 晨采花纹纸 Paper Collection

SO...JEANS / 牛仔纸

 雅感 FINE PAPER·白内纹理

 newLINWEN 新绵纹纸

欧缎蚕壳纹纸

OCLN 欧纯莱妮纸

 OCYM 印象纸

曼雅环保纸
Art Charming Paper

欧纯彩印 ☐ OC
清雅环保 ■ QY

 Star Dream 星星梦
Ideas for your work

SO...SiLK 丝绸纸

 TWINSPEARL / 亮荧双面闪亮纸

GILBERT 坚霸雅式再造纸

LJLS 丽晶PET拉丝纹

LJLS 麗晶磨沙纹

LJLS 麗晶拉絲紋

StarPoint 星点纸

touch 128 触感128

渲染色卡 Xuanlanseka

ucun 皇朝纹

優麗特賃花紋紙
PhoeniXmotion
Premium Coated Fancy Paper

SO...WooL / 羊毛纸

moondream / 月影纸

合作伙伴

 Polytrade Paper 友邦洋纸

 PAPERAINBOW®

 BLUE SEA 碧海纸业
SEA PAPER
High printing paper manufacturers

 Scheufelen

 N NEENAH PAPER

 CordenonS
Impressive Papers

关于我们

"蓝天特纸"是浙江蓝碧源控股集团有限公司旗下专业销售国内外特种艺术纸的知名企业，一贯致力于高、中端产品的推广，是意大利 CORDENONS、德国 SCHEUFELEN、美国 NEENAD PAPER 部分系列产品以及中法合资浙江碧海实业公司产品在中国地区的总代理，也是目前国内最具影响力的特种艺术纸销售商之一。

我公司在上海、南京、北京、苏州、杭州、嘉兴等地设有分公司和办事机构。同时，我们的系列产品在成都、重庆、郑州、长沙、武汉、西安、哈尔滨、广州、深圳、昆明、南宁、兰州、石狮、温州、宁波以及香港等地都设有代理，产品行销全国各地和海外市场。

纸作为一种文化传播的载体，随着社会的进步和经济的发展也被赋予了更丰富的内涵。特种艺术纸丰富了人们的视觉享受和生活情趣，因而成为广告、设计、包装、出版、文化商务等诸多方面不可或缺的媒介产品。

追求一流的品质，向客户提供广受欢迎的优质特种艺术纸，已成为我们的使命和职责。

绿色环保不仅是行业和社会的需要，更是企业的责任。我公司率先在国内引进特种艺术纸系列绿色环保产品，同时，我们也通过了 FSC 森林管理委员会的认证，并根据产销监管链的要求严格执行于日常的销售中，使之更符合社会和时代的要求。

因为专一，所以专业。为适应众多客户策划和提升企业形象的需要，我公司根据国外先进的 Full Service 服务模式，提出了把"品质服务融入营销过程"的全新特种艺术纸推广理念，利用自身的优势，从客户的需求整合到品种选择、品质和流程监管、价格核算以及产品检验跟踪，为客户提供资深、专业的全方位服务，以满足客户的各种需求。

杭州分公司：
杭州蓝天印刷技术开发有限公司
地址：杭州市莫干山路 789 号美都广场 E 座 16-17 号商铺
电话：(+86) 0571-85300992
传真：(+86) 0571-85304663

上海分公司：
上海蓝业印刷物资有限公司
地址：上海市普陀区真南路 1051 弄 6-102 室
电话：(+86) 021-66081552
传真：(+86) 021-66083089

南京分公司：
杭州蓝天印刷技术开发有限公司南京分公司
地址：南京市秦淮区大明路 135-4 号
电话：(+86) 025-84637002
传真：(+86) 025-84630610

北京办事处：
杭州蓝天印刷技术开发有限公司北京办事处
地址：北京市朝阳区大鲁店北路铂城湾食街甲 2-1 号
电话：(+86) 010-62367658
传真：(+86) 010-62369416

苏州办事处：
杭州蓝天印刷技术开发有限公司苏州办事处
地址：苏州市沧浪区胥江路 129 号
电话：(+86) 0512-68125573
传真：(+86) 0512-65828122

嘉兴分公司：
杭州蓝天印刷技术开发有限公司嘉兴分公司
地址：嘉兴市新气象路 764 号
电话：(+86) 0573-82218917
传真：(+86) 0573-82219917